科技 PPT 演示文稿编排方法

高 烽　王树文　王志诚　著

图书在版编目(CIP)数据

科技 PPT 演示文稿编排方法 / 高烽，王树文，王志诚著．—杭州：浙江大学出版社，2021.6

ISBN 978-7-308-21451-3

Ⅰ.①科… Ⅱ.①高… ②王… ③王… Ⅲ.①图形软件 Ⅳ.TP391.412

中国版本图书馆 CIP 数据核字(2021)第 109229 号

科技 PPT 演示文稿编排方法

高 烽　王树文　王志诚　著

责任编辑　傅百荣
责任校对　梁　兵
封面设计　周　灵
出版发行　浙江大学出版社
　　　　　(杭州市天目山路 148 号　邮政编码 310007)
　　　　　(网址：http://www.zjupress.com)
排　　版　杭州隆盛图文制作有限公司
印　　刷　杭州良诸印刷有限公司
开　　本　880mm×1230mm　1/32
印　　张　4.75
字　　数　130 千
版 印 次　2021 年 6 月第 1 版　2021 年 6 月第 1 次印刷
书　　号　ISBN 978-7-308-21451-3
定　　价　26.00 元

浙江大学出版社市场运营中心联系方式　(0571)88925591;http://zjdxcbs.tmall.com

内容简介

本书介绍用于科技汇报、学术交流或技术沟通等场合的科技PPT演示文稿技术内容的编辑与排版方法。书稿分析了科技PPT演示文稿的存在问题，阐述了科技PPT演示文稿的编排原则、要素编排、编排技巧、注意事项和编排质量控制。书中还提供了三个不同类型科技PPT演示文稿的编排实例。本书可作为科研人员编排科技PPT演示文稿技术内容的参考文献，也可作为在读研究生编排学位论文答辩PPT演示文稿的参考资料。

序

《科技 PPT 演示文稿编排方法》是一本关于科技 PPT 演示文稿技术内容编辑与排版方法的培训教材。书稿由高烽研究员主笔，王树文和王志诚协编。

高烽研究员曾任二炮武器装备预先研究专家组精确制导与控制技术组专家，国防科工委航天控制、制导和测控系统标准化技术委员会委员，中国航天信息协会《制导与引信》杂志主编，上海航天技术研究院特聘培训师。

高烽老师以严谨务实的治学理念、深厚扎实的文字功底，总结几十年来从事科学研究、科研管理、杂志编辑的丰富经验，不仅编著了雷达导引头技术方面的专著，还撰写了多本关于科研素养训练的著作。十多年来，在上海航天技术研究院及其下属单位开设“科技写作概要”“科技演示文稿编制”“科研素养自我训练”等讲座。历经磨练，这些讲座已成为精品培训课程。

《科技 PPT 演示文稿编排方法》是根据“科技演示文稿编制”讲座整理而成的专著，阐述用于科技汇报、学术交流和技术沟通等场合的科技演示文稿技术内容的编排方法。书稿在归纳当前科技演示文稿存在问题的基础上，提倡以“强力指点、一目了然和不讲勿示”为编排原则，介绍科技演示文稿的要素编排、编排技巧、注意事项和编排质量控制。书中还给出了三个不同类型科技演示文稿的编排实例。

书稿指出了原始文稿、演讲文稿与演示文稿之间的关系："演讲文稿是原始文稿的概要，演示文稿是演讲文稿的精华。"明确了科技演示文稿的编制程序：先从原始文稿中概括出适应听讲对象和演讲课时的演讲文稿，再从演讲文稿中提炼出精华，编排成演示文稿。演讲文稿与演示文稿相得益彰，为科技演讲奠定基础。

书稿思路清晰、行文流畅、图文并茂，是一本简明实用的编排科技演示文稿技术内容的参考文献。

高烽研究员长期以来致力于提升青年科技人员科研素养的培训工作，卓有成效。值此《科技 PPT 演示文稿编排方法》出版之际，谨向高烽老师致以诚挚的感谢！

上海无线电设备研究所

2019 年 1 月 15 日

前　言

这是一本介绍科技 PPT 演示文稿技术内容编排方法的专著。所谓演示文稿技术内容编排，就是对演示文稿的技术内容实施编辑与排版。

本书阐述对象是科技汇报类演示文稿，不同于教学和培训用的课件类演示文稿，它主要用于科技汇报，也用于学术交流和技术沟通等场合。这类 PPT 演示文稿的原始文本少则数十页，多则数百页，而汇报或交流的时间一般不超过半小时。必须简明编写演讲文稿，精心编制演示文稿，才能做好科技汇报、学术交流或技术沟通的演讲工作。

科技演示文稿以“强力指点、一目了然和不讲勿示”为编排原则。书中强调“演讲文稿是原始文稿的概要，演示文稿是演讲文稿的精华”，明确了演示文稿的编制程序——“原始文稿→演讲文稿→演示文稿”。

科技 PPT 演示文稿的编制工作涉及技术内容编排和艺术性制作两个方面。前者指纲目、文字、公式、插图、表格等要素的编排；后者包括模板设计、色彩调配、幅面美化、视频导入、声音配置、动画制作、播放模式设置等工作。精心编排的演示文稿能抓住听讲人的视线，汇聚听讲人的思维，使其瞬间感受到演示文稿的技术内涵。

本书不涉及科技演示文稿的艺术性制作，着重介绍科技 PPT

演示文稿技术内容编排的原则与方法。全书共八章，分别介绍演示文稿的基础知识、存在问题、编排原则、要素编排、编排技巧、注意事项、编排质量和编排实例。

不同于一般科技图书，本书除了列举 PPT 演示文稿的典型幻灯片作为插图之外，对于简明的行文也配置了相应的插图。通过这些插图，读者可以理解如何从文字内容中提炼出演示文稿。

书中列举的 PPT 演示文稿幻灯片用来提示科技演示文稿技术内容的编排方法，不考虑色彩配置与幅面美化等问题，故采用了黑白图。另外，这些插图的原始版本中的汉字都是用加粗楷体编排的，书中保留了原状态。

在本书的撰写和出版过程中，得到上海航天系统相关人员的大力支持。陈潜、蔡昆同志审阅了书稿，徐瑛琦、徐春夷同志对书稿作了校对，汤幼琦、朱静亚、李亮子同志为“科技演示文稿编制”讲座的策划和实施做了大量工作。在此，谨向他们致以谢意。

本书可作为科技人员编排科技 PPT 演示文稿技术内容的参考文献，也可作为在读研究生编排学位论文答辩 PPT 演示文稿的参考资料。

欢迎阅读本书，敬请指教！

作　者

2019 年 1 月 10 日

目　录

第1章　基础知识

PPT是“Power Point”的简称，是微软公司推出的一种利用计算机制作集文字、图形、图像、声音和视频剪辑于一体的多媒体演示文稿的软件。PPT软件所形成的演示文稿可以在计算机或投影仪上演示。PPT演示文稿也称作PPT文件，如PPT课件、PPT文档等。通常，称演示文稿中的单个页面为幻灯片。

自从1987年PPT软件上市以来，它使“无数精彩的演讲文本锦上添花”，也使“大量愚蠢想法披上了华丽的外衣”。PPT的两位发明人加斯金斯和奥斯丁指出：“PPT演示文稿从来都不应该是一个提议或方案的全部内容，它只是长篇内容的一个简单总结。”他们还指出：不应该将“形式”提升到“内容”之上；不要花大量时间去做演示文稿的艺术性修饰；不要把各种各样的“垃圾”都塞进来，产生糟糕的演示文稿；不应该在编写原始文本之前，直接编制演示文稿。PPT易入门，难精通，即使在教师或科技人员成堆的地方，也难觅编制演示文稿的高手。

随着PPT软件版本不断更新，编制功能日趋完善。新版PPT软件在制作方式、人性化设置等方面有了长足的进展。市面上，有许多关于PPT知识的专著[1-5]，从不同角度阐述了演示文稿的编制技术，值得演示文稿编制人员借鉴。

所谓科技演示文稿，就是用PPT软件编制的涉及科学技术的演示文稿。科技演示文稿是PPT演示文稿大家庭中的重要成员。

科技演示文稿除了用作教学和培训课件之外,还应用于科研工作全过程。从策划、实施,到检查、处置,凡是能够形成科研文件的场合,都可以编制相应的 PPT 演示文稿。当然,科技演示文稿只不过是科研文件的高度概括和简要总结。没有科研文件,就没有科技演示文稿。

科技演示文稿的编制人员必须具备科学、文学和美学基础。没有科学基础,难以总结科研文件的核心意涵;没有文学基础,难以完成简明扼要的文字表达;没有美学基础,难以制作精致美观的演示文稿幅面。当然,只有更好的演示文稿,没有最好的演示文稿,更没有十全十美的演示文稿。大家应努力编制出更好的科技演示文稿。

编制科技演示文稿,不仅要注意演示文稿的应用场合、听众对象、演讲时间等因素,更要注意针对不同类型的演示文稿,采用合适的编制方法。例如,教学用的演示文稿与答辩用的演示文稿就有明显差别:前者适用于由上而下的授课模式,后者适用于由下而上的汇报模式。两者在技术内容编辑和幻灯片幅面制作等方面应有所区别。

科研人员编制的科技演示文稿有两大类:一类是用于专业技术培训的课件类演示文稿;另一类是于用科技评审的汇报类演示文稿。

1.1 课件类演示文稿

“课件是为了实现某个教学目的,在计算机上展现的文字、声音、图像、视频的集合体。”换言之,课件是一种根据既定教学目的,针对特定教学内容,为体现某种教学策略而设计的演示文稿。广泛应用的多媒体课件形式是 PPT 演示文稿。

编制科技类课件时,应突出科学性,兼顾教育性、启发性和艺术性。要处理好教材与课件的关系,编制课件不是为了取代某个教材，而是为了提升教学效果。“××课件还不如教材”的说法是欠妥的，如果课件能超越教材，那么学生就不需要配备课本了。课件是教师的助讲工具，也是学生的复习指南。然而，有些劣质课件仅仅是教材被切割后重新拼凑的组合体，课件成了教材的另类编排，教师成了教材的放映员与复读机。那样的课件是不合格的，更不能作为引导学生进行归纳总结的样板。

必须指出，将教材内容进行高度概括和总结，这个本应由学生在课后做的工作，却由老师们在课前编制课件时代劳了。学生们的确省心也省事了，但是失去了提升归纳总结能力的机会，更无助于提高科技写作素养。这是导致一些理工科学生走上工作岗位后，不会归纳总结，也写不好科研文件的原因之一。不妨采用课件授课与板书授课相结合的方法进行教学，多数章节采用课件授课，少数章节采用板书授课。让学生在课后针对板书授课的章节编制课件，并进行模拟讲解，提高学生的归纳总结能力和演讲水平。

当前，科研单位的科技培训工作正在如火如荼地开展。撰写系列培训教材、编制系列培训课件、组织微讲座等活动层出不穷。

尽管科研单位编制了大量培训演示文稿，却难觅引人入胜的精品演示文稿。造成这种状况的原因是多方面的：一是青年科技人员缺少科技积累，不具备科技培训必需的知识储备，入不敷出，不足以承担科技培训工作；二是缺乏编制演示文稿的基础知识，不掌握编排课件类演示文稿的基本方法，纲目不清，幅面混乱，质量低下，不足以吸引听讲人的眼球；三是把编制课件当作额外任务，粗制滥造，敷衍了事，不足以作为培训课堂的演示文稿。更有甚者，一些课件既无教材，又无讲义，甚至连参考文献都没有，拼凑了一些不伦不类的幻灯片，滥竽充数，自欺欺人。

应该指出，作为培训课件的演示文稿有简明型与详细型之分。针对特定教材的演示文稿应该简明扼要，只需演示教材中的重点内容即可，它仅仅是老师课堂讲解和学生课后复习的纲要，并不是教学的全部内容,完整的知识还应从教材中获取。如果课件内容是从大量文献资料中归纳整理出来的,而且不可能为众多学生配齐这些文献资料时,那么演示文稿要详尽编排,并与讲稿内容保持一致,以便听讲人课后复习时查阅。

作为培训师的科技骨干应多借鉴高等院校中的优秀课件的编制方法,编排出适应技术培训要求的高质量的培训课件,科学、合理、有效地推动科技培训工作,为提高科技人员的科研素养作贡献。

1.2 汇报类演示文稿

在科研单位中,除了极少数科技骨干编制用作科技培训的课件类演示文稿之外,大多数科技人员编制的是科技汇报类演示文稿,用于科技汇报或科技评审。当然,用于学术交流或技术沟通的科技演示文稿,也可归属于科技汇报类演示文稿。汇报类演示文稿以提示要点为手段,使听讲人准确无误地理解重点内容。有些文献把它们称为提示型演示文稿或工作型演示文稿。

课件类演示文稿和汇报类演示文稿在用途方面有明显的差别。课件类演示文稿用于教学,是老师对学生授课的工具,老师是教学的主导者。科技汇报类演示文稿用于科技评审、学术交流或技术沟通,是专家学者或同行科技人员对汇报内容进行审核的依据,演讲人员是被评审的对象。

课件类演示文稿和汇报类演示文稿在内容编排方面也有明显的差别。作为教学或培训的辅助工具,课件类演示文稿注重系统性,不应随意取舍教材内容。汇报类演示文稿应注重针对性,根据不同对象的听讲需求,有重点地编排演示内容。

显然,科技汇报类演示文稿不应该编制成课件类演示文稿。不能不分主次、喋喋不休地宣讲一般科技知识,给评审专家或科技同行上基础课。应该注意:不是你在培训人家,而是人家在审视你的汇报内容，不要本末倒置。

科技汇报类演示文稿的主要特点：一是涵盖内容多，有些汇报或交流的原始资料多达两三百页，犹如一本科技图书，内容十分丰富；二是组成演示文稿的幻灯片较少，一般为二三十幅，最多四五十幅，适应极短的演讲时间；三是逻辑性极强，应贴切反映演示命题的事理逻辑，做到纲目清晰，顺理成章；四是科技含量高，应回避基础知识和一般概念，突出重点问题和创新内容，适应专家学者和科技同行的审视需求。

为使科技汇报类演示文稿确实具有提示要点的作用，编排科技汇报类演示文稿的技术内容时，不仅要做到举纲张目，还应确保简明扼要。

举纲张目是编排科技汇报类演示文稿的基础。举纲，就是编排演示文稿的框架，框架要稳；张目，就是理顺演示文稿的脉络，脉络要清。“纲”不稳，“目”不清的演示文稿，难以获得良好的演示效果。

简明扼要是编排科技汇报类演示文稿的最高境界，必须使每幅幻灯片一目了然。有人形象地指出：“演示文稿是给听讲人瞟的，不是读的。”也就是说，听讲人只以极少的时间浏览幻灯片，然后集中精力听演讲者讲解，获得最佳的视听效果。看幻灯片与听演讲，相辅相成。听讲人瞟一眼幻灯片就会“知其然”，听了讲解才能“知其所以然”。

个别听讲者总想拷贝演讲者的演示文稿，他们不读原始资料，也不仔细听讲，以为有了演示文稿就万事大吉了，还振振有词地批评演示文稿“太简单”。他们不懂得演示文稿只不过是原始文稿的概要和精华，是用来浏览的，不是用来阅读的。

此外，作为科技演示文稿，编排章节、字符、公式、插图、表格时，必须遵循科技写作的通用规则[6]。要注重演示文稿的编排质量，降低演示文稿的编排差错率。有些科技人员无视科技演示文稿的编排规则，为了追求美观，热衷于不着边际的修饰，编排出奇形怪状的字符与图形。那不是“美”，而是“丑”！有些科技演示文稿，不仅幅面背景十分鲜艳，而且把众多圆形构图要素采用多种色彩嵌套，五光十色，极其精致，好似“大珠小珠落玉盘”。其实，这种演示文稿喧宾夺主，无助于提升科技内涵。

正如前言中阐述的那样，编制科技演示文稿涉及技术内容编排和艺术性制作两个方面。前者指纲目、文字、插图、表格、公式等编排。后者指模板设计、色彩调配、幅面美化、视频导入、声音配置、动画制作、播放模式设置等工作。本专著只讨论科技演示文稿技术内容的编排原则、编排方法和编排质量控制等内容。关于艺术性制作的相关问题，在各种 PPT 基础教程中都有详细介绍，网上也可以找到适应不同程度编制人员需求的相关参考资料，本书毋庸赘述。

书中讨论的科技汇报类演示文稿的技术内容编排方法，原则上也适用于编排课件类演示文稿的技术内容。

第2章　存在问题

科技人员展示的科技演示文稿，好的少，差的多，有些是不合格的。不合格的科技演示文稿可以归结为五种类型：拷贝型、助听型、摆设型、杂烩型和浮夸型。

2.1　拷贝型演示文稿

所谓拷贝型演示文稿，就是肢解原始文稿，分别安插到演示文稿的各个内容栏中。拷贝型演示文稿只是无变化地重复原始文稿，它是原始文稿的投影仪，讲解员成了原始文稿的复读机。

制作这种演示文稿，快捷容易，不必劳神费力，是一些科技人员编制演示文稿的惯用方法。

拷贝型演示文稿势必存在大量难以阅读和讲解的幻灯片。这些幻灯片中，往往出现大段文字、复杂插图、大数据量表格、繁杂数学公式等内容。在原始文稿中，这些内容是十分必要的，也是完全正确的。对于演示文稿而言，这些内容不是原始文稿的概要，更不是精华。把它们安插在演示文稿中，如同“垃圾”和“肿瘤”！演示文稿的编制者应该删繁就简，去粗存精，编排简明的演示文稿。

在科技汇报或学术交流时，评审专家或科技同行都配有原始文稿，人手一册。如果采用拷贝型演示文稿，那么演讲场合存在三种内容完全相同的文本：一是原始文稿中的相关段落；二是演示文稿；三是汇报者的演讲文稿。对专家学者或科技同行“三管齐下”，没有必要。

图 2-1 是关于"科研文件链式编审"的幻灯片，它是"设计师系统链式管理"演示文稿中的一页，内容是从一本同名专著中原封不动地抄录下来的，文长字小，难以阅读。这是一幅典型的拷贝型幻灯片。

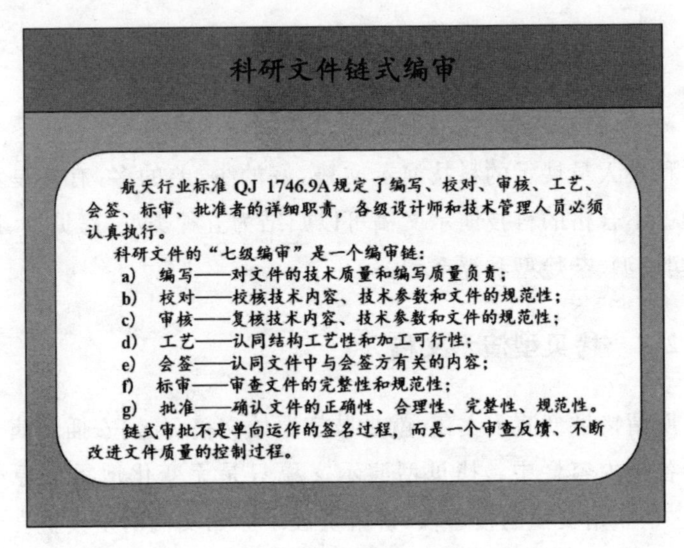

图 2-1 "科研文件链式编审"的拷贝型幻灯片

从原始文稿中拷贝现成资料作为演示内容，通常得不到简明的演示文稿。应该从原始文稿中提炼出提纲、简图或简表，才能构成优秀的演示文稿。

2.2 助听型演示文稿

所谓助听型演示文稿，就是演示文稿与演讲文稿内容完全相同，演示文稿成了助听装置。

对于没有配备教材或相关文本的科技演讲，采用助听型演示文稿是无可非议的。这种演示文稿不仅有助于听讲，还可以作为课后阅读资料。多数微型讲座,往往采用助听型演示文稿。在 8.2 节中列举的微讲座也是如此。

对于配备了教材或相关文本的科技讲座,没有必要采用助听型演示文稿。此时,演示文稿仅仅是助讲稿,其作用是提示演讲文稿的核心内容,帮助听讲者理解演讲内容的精髓。

例如,图 2-1 所示的关于“科研文件链式编审”的原始文稿,可以简化成图 2-2 内容栏中的比较精练的演讲文稿。如果演讲时同步投影这个演讲文稿,那么图 2-2 也就成了助听型幻灯片。

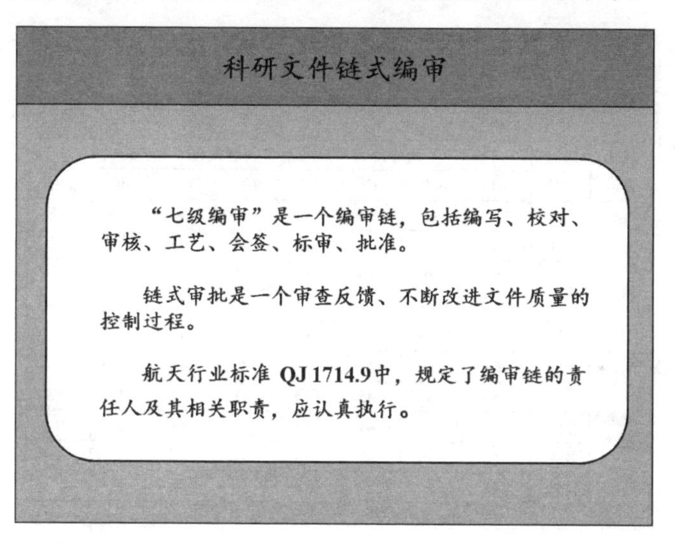

图 2-2　“科研文件链式编审”的助听型幻灯片

要认真提炼演讲文稿,以简练的文字、简明的图表揭示其核心意涵,才能作为演示文稿。如果把图 2-2 内容栏中的文字作为“科研文件链式编审”的演讲文稿,那么就应提炼其精华,作为实用演示文稿,具体编制方法将在 3.1 节中介绍。

2.3　摆设型演示文稿

所谓摆设型演示文稿,就是在内容栏中密密麻麻地充斥着文字、图形或数据，讲解人不可能逐一讲解，听讲人也不可能逐一阅读，演示文稿成了摆设。

例如，在图 2-3 所示的幻灯片中，列出了不同海情的单位散射截面。表身中包含了 80 个数据，难以阅读，更无法讲解。这些数据是从相关专著中摘录下来的，是经典的科技参数。不论是科技汇报、学术交流，还是技术沟通，通常没有必要显示这些数据。如果确有必要让听讲人了解这些数据的变化规律，还不如将它们转化成曲线图，既清晰又直观。

不同海情的单位散射截面

极化形式	海情等级	不同擦海角对应的单位散射截面 σ_0/dB							
		0.1°	0.3°	1°	3°	10°	30°	60°	90°
水平极化	0级	−70	−67	−60	−54	−49	−50	−30	+18
	1级	−63	−57	−45	−45	−45	−45	−28	+13
	2级	−50	−46	−40	−41	−51	−39	−23	+9
	3级	−42	−37	−36	−37	−34	−33	−20	+44
	4级	−42	−38	−32	−34	−31	−32	−15	−1
垂直极化	0级	−61	−55	−48	−52	−45	−41	−31	+18
	1级	−56	−51	−45	−43	−41	−37	−25	+13
	2级	−47	−44	−41	−39	−35	−31	−21	+9
	3级	−38	−38	−37	−36	−32	−27	−16	+4
	4级	−41	−37	−34	−33	−30	−23	−12	−1

图 2-3 “不同海情的单位散射截面”的摆设型幻灯片

一些科技人员将大量试验数据罗列在一幅幻灯片中，用以说明相关工作的复杂性，表明自己“没有功劳，也有苦劳”。其实，采用摆设型演示文稿，只能说明作者的分析能力、归纳能力、表达能力都很差，弄巧成拙，自毁形象，适得其反！

2.4 杂烩型演示文稿

所谓杂烩型演示文稿，是将文、式、图、表等要素凑合在一起的组合体，各要素风马牛不相及，成了大杂烩。

每幅幻灯片犹如巴掌大小的一块地，有些“勤劳”的科技工作者，在里边种了“水稻”，又种“棉花”，还在路边、田角插上几棵“葱”，塞满了，才罢休。编制演示文稿，切勿将内容栏挤得密密麻麻，针插不进，水泼不进。

图 2-4 是关于“大动态数字编码检测技术”的幻灯片。内容栏内编排了四个小框：文字框、表格框、MATLAB 仿真框、实物照片框。它们相互之间没有连贯性，成了“四不像”。

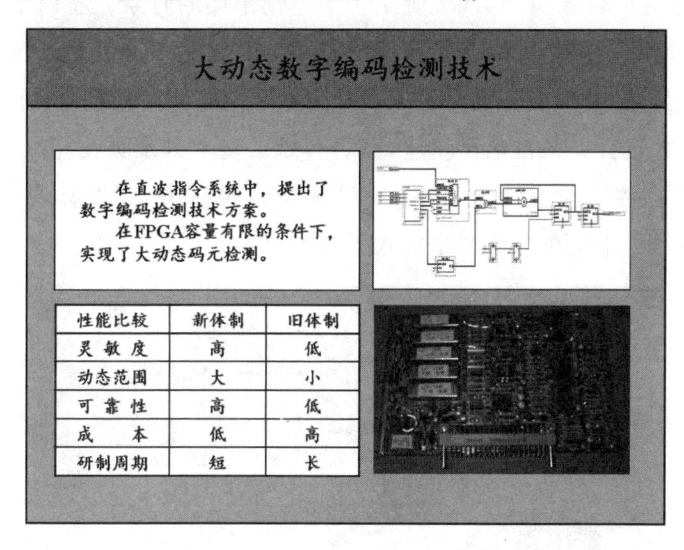

图 2-4　“大动态数字编码检测技术”的杂烩型幻灯片

每幅幻灯片内容栏中的内容必须与标题栏中的标题一致。杂烩型演示文稿往往文不对题，节外生枝！在图 2-4 中，四个小框的内容涉及“大动态数字编码检测技术”的实施方法、新旧体制比较、仿真流程图和印制电路板，演讲者到底要讲什么？须知：眉毛胡子一把抓的演示文稿，是没有核心内容可言的。一幅没有主题的幻灯片，既不具备可读性，也不具备可演讲性。

2.5 浮夸型演示文稿

所谓浮夸型演示文稿，就是采用过度的艺术性渲染，淡化了技术内涵。这类演示文稿，或画蛇添足，或东施效颦，或虚张声势，虚浮不实。

图 2-5 是“雷达导引头基本体制”演示文稿的目录页，列出了四个章的序号与标题。章标题简明清晰，是一个较好的目录。然而，在这个目录页中，却配置了一个不伦不类的背景。将四个章标题安置在不同色彩的条带中(注:图 2-5 未配色)，条带前端还添加了圆点，这些圆点分别与一个电子星座相连，且有指向性，示意四种雷达导引头来自电子星座，莫名其妙。整个目录页花花绿绿，喧宾夺主，浮夸至极。更有甚者，尽管在标题栏中，已经标明了“目录”字样，却又在内容栏中加入了英文“Contents”，多此一举。

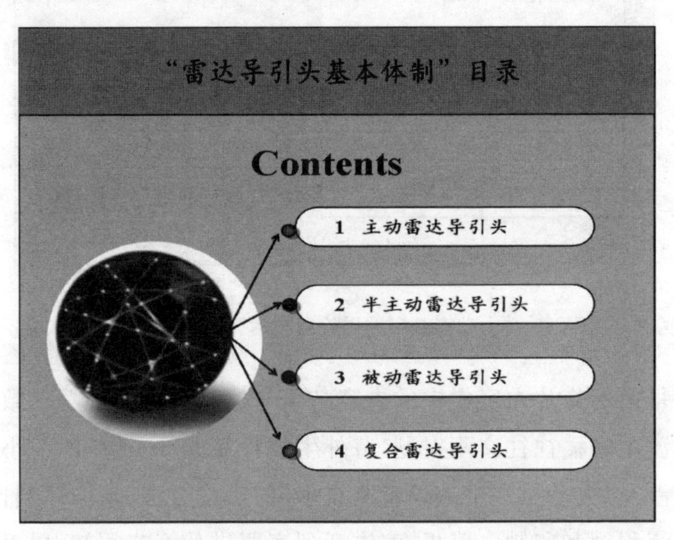

图 2-5 “雷达导引头基本体制”目录页的浮夸型幻灯片

实际上，演示文稿的目录页应正本清源，返朴归真。图 2-5 的标题栏中，只需保留“目录”两字。内容栏中，应取消“Contents”、电子星座、箭头线和圆点，仅保留四条居中编排的条带，分别填写四个章的序号与标题，如图 2-6 所示。图 2-6 没有附加元素，清晰简明，不会分散听讲人的注意力。（注：同一文本中，原则上不得以相同的序号表示不同章节。在图 2-5 与图 2-6 的实例中，层次序号沿用了正文的章序号编排方式。在 4.1 节、5.2 节和第 8 章中，也有类似情况。请读者注意，切勿误解。）

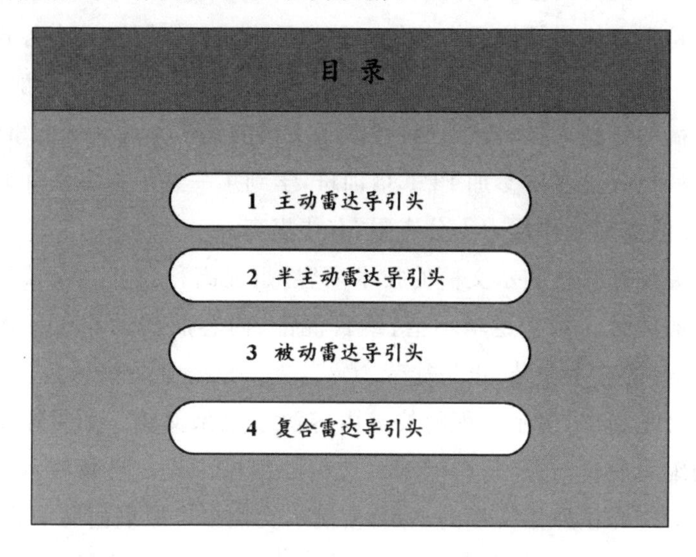

图 2-6　修改后的“雷达导引头基本体制”目录页幻灯片

有些科技人员好像得了写作“传染病”，不管什么技术内容，演示文稿的目录页都采用图 2-5 那样的奇怪布局，弄得电子星座满天飞。曾经问过一些作者：“为什么要编排电子星座？”得到的回答是“随便拷贝的”。既然是“随便”使然，为什么不去拷贝一个大西瓜呢？大热天演讲时，还可以让大家“望瓜止渴”。“随便”两字出自博士、高工、研究员之口，实在不应该！

至于是否需要将章序号和章标题置于条带中，其取舍取决于编排者个人的审美观。“青菜萝卜各有所爱”，不必强求。如果采用条状文字框，也不宜使用多种色彩，搞成彩虹似的。各条带只需配置相同的浅底色，且与深色文字具有明显灰度差。有人采用“深色底，浅色字”编排章目录，这种做法值得商榷，因为很难使得整个演示文稿具有统一的格调。更有甚者，有人使用了“黑底白字”，按习俗这是丧事或祭祀采用的色调。当然，这是艺术性编排问题，已超越本书的讨论范围。

列举的拷贝型、助听型、摆设型、杂烩型、浮夸型演示文稿，只不过是不合格科技演示文稿的五种常见形式。实际上还有各式各样的不科学、不严谨、不规范的演示文稿。对于只编制过一两次演示文稿的科技人员，要识别科技演示文稿的优劣是件困难的事情。有些科技人员多次参加 PPT 培训班，学到了一些编排方法和制作技巧，但实际制作能力十分有限，有待提高。

编排好科技演示文稿的技术内容，是提高科技演示文稿编制质量的关键。对于逻辑不清、纲目混乱、内容肤浅的科技演示文稿，再好的艺术包装，也是徒劳。

必须指出，演示文稿的技术内容源于原始文稿。如果原始文稿的编写质量较差，将影响演示文稿的编排工作。科技演示文稿编排者应修正原始文稿的不足，使演示文稿出于原稿而胜于原稿。当然，不经过历练，不可能成为优秀的演示文稿编制人员。

第 3 章　编排原则

编排科技 PPT 演示文稿技术内容的基本原则：强力指点、一目了然和不讲勿示。

3.1　强力指点

如前所述，PPT 是“Power Point”的简称，意为强有力的指示，即强力指点。显然，具有“Power”的“Point”是 PPT，没有“Power”的“Point”是 PT。图 3-1 表明了强力指点的内涵，揭示了原始文稿、演讲文稿与演示文稿的关系。

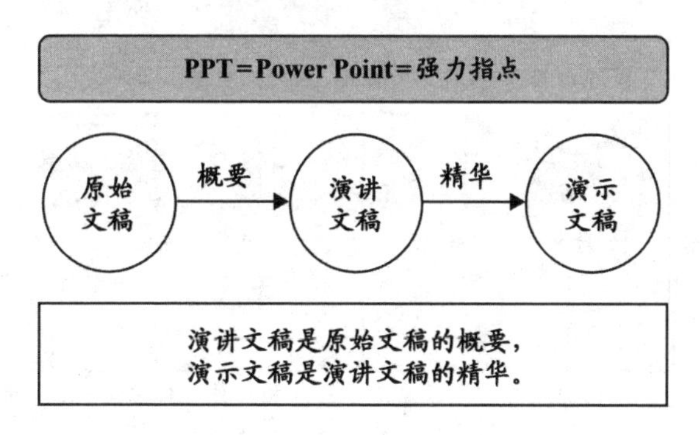

图 3-1　原始文稿、演讲文稿与演示文稿的关系

演示文稿的编制人员必须充分认识原始文稿、演讲文稿与演示文稿的关系：演讲文稿是原始文稿的概要；演示文稿是演讲文稿

的精华。从原始文稿到演讲文稿，再到演示文稿，是逐步精简的过程。

图 3-1 所示的图形是否可以作为“强力指点”幻灯片的内容呢？不妨看一看图 3-1 有没有说明“强力指点”核心意涵的功能。图中共有三个单元：上面的横条带中列出了一个“文字表达式”，开门见山地介绍了“强力指点”的含义；中间是一个示意图，表示从原始文稿到演讲文稿，再到演示文稿，是逐步精简的过程；下面的横条带画龙点睛，强调“演讲文稿是原始文稿的概要，演示文稿是演讲文稿的精华”。可见这个图形对“强力指点”作了清晰的演示，完全可以纳入幻灯片的内容栏。

再看一个实例。如果把 2.2 节中图 2-2 的文字内容作为“科研文件链式编审”的演讲文稿，如何编排简明扼要的幻灯片呢？它必须是演讲文稿的精华，需要认真设计。图 3-2 给出了一种编排方法。

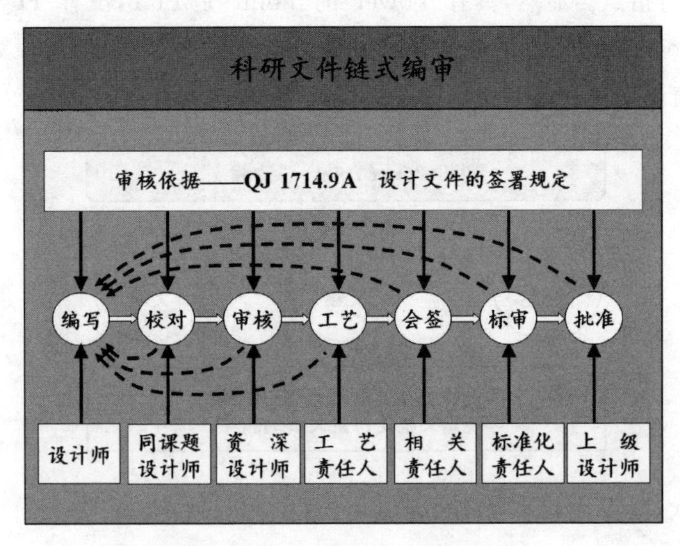

图 3-2 “科研文件链式编审”幻灯片

图 3-2 清晰地表达了审核依据、审查反馈、编审人员之间的关

系。也许有人认为这个幻灯片比演讲文稿还要复杂。其实不然，演讲文稿是用来讲的，幻灯片是用来浏览的。看图 3-2 所示的图形，瞟上一眼就能明白其中的内涵，比读演讲文稿要容易得多！这个幻灯片与演讲文稿相辅相成，既有助于演讲人讲解，也有助于听讲人听讲。只有这样，才能使演讲简明生动，提高听讲效果。

要做到强力指点，不仅要纲目清晰地编排好整套演示文稿的框架，还要简明扼要地编排好每幅幻灯片的幅面。编排科技演示文稿的技术内容，就是做好幻灯片的编辑与排版工作。通常，科技概念清晰、总结能力较强、有一定美术功底的科技人员，才能编排出高质量的科技演示文稿。

3.2　一目了然

图 3-3 表示讲解人与听讲人之间的关系。原始文稿通过讲解人形成演讲文稿和演示文稿。听讲人通过视觉观察演示文稿，通过听觉听讲解人讲解。

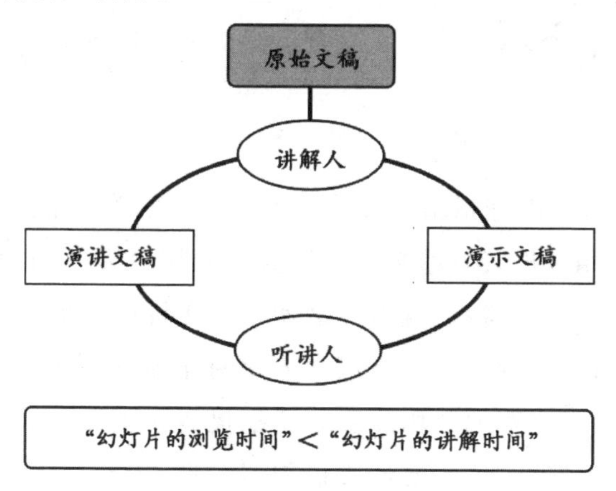

图 3-3　讲解人与听讲人的关系

事实上，不论是授课，还是讲座或汇报，都需要讲解人与听讲人之间的互动：讲解人示其形（演示文稿）发其声（演讲文稿）；听讲人观其形，听其声。听讲人以听讲为主，观看为辅。面对一目了然的幻灯片，听讲人可以在快速浏览幻灯片之后集中精力听讲，或者在听讲过程中快速浏览幻灯片。显然，“幻灯片的浏览时间”应小于“幻灯片的讲解时间”。除了题名页、目录页和转场页等宣读型页面之外，其他页面都应满足这个基本原则。

把原始文稿概括成演讲文稿后，仍然是分段的文稿。如何将演讲文稿转换成演示文稿？图 3-4 给出了三种实现“一目了然”的表达方式：一是提纲式演示文稿，通常采用排比短语，简短明了，听讲人可以望文知义；二是简图式演示文稿，听讲人可以看图识意；三是简表式演示文稿，听讲人可以读表知情。

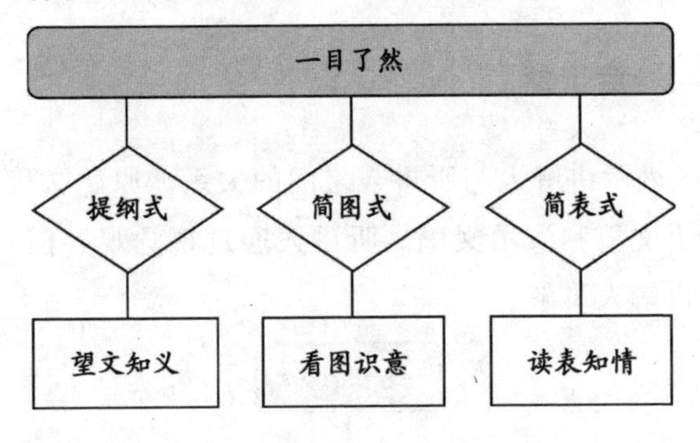

图 3-4　一目了然的表达方式

有些 PPT 教程指出：“设计演示文稿内容栏时，能用插图就不用表格，能用表格就不用文字。”甚至还认为“文字是演示文稿的天敌”。对于广告型演示文稿，应该如此。在科技演示文稿中，文字表达是不可避免的。为使演示文稿简明扼要，通常采用提纲式表达。一些演示文稿的制作高手善于把提纲式演示文稿图形化，使听讲人一目了然。这些演示文稿貌似图形，实际上还是提纲。图 3-4 就是一个图形化提纲。

能否“一目了然”？一方面取决于演示文稿的简明性，另一方面取决于听讲人阅读能力。对于不懂相关技术的“技盲”而言，绘制十分精简的演示文稿,也是枉然。例如,对于科技人员,图 3-3 和图 3-4 都是一目了然的。对于不知道科技演讲和科技演示文稿是何物的"门外汉"来讲,图 3-3 和图 3-4 是毫无用处的。

假如一个讲座的演示文稿是一目了然的,那么讲解工作就简单易行了。一个好的科技汇报类演示文稿,从头至尾采用定时切换的方法无声播放时,如果同行科技人员能够基本理解其内涵,那么这个演示文稿的制作是成功的。

遗憾的是,不少科技人员编制的演示文稿无法一目了然,与其配套的演讲文稿也模糊不清,难以理解。演讲过程中,听讲人如同"雾里观花,水中捞月",知其然,不知其所以然。

须知:编制一目了然的演示文稿,不可能一蹴而就,需要用心尽力,反复修改,不断提炼!

3.3　不讲勿示

所谓不讲勿示,是指讲解时未提及的内容,不要展示在演示文稿中。

当前,示而不讲是科技汇报的一种常见现象,几乎成了科技汇报的通病,一种难以杜绝的陋习。示而不讲的本意是科技演讲内容丰富、题材众多,有些素材即使不讲也要展示一下。实际上,示而不讲削弱了科技演讲的主要内容,给人以烦琐、杂乱的感觉,实属节外生枝,多此一举。

造成示而不讲现象的主要原因是编撰顺序出了问题。一些科技人员以数百页原始文稿为依据,尚未编写讲稿,就直接编排演示文稿,大段拷贝文字,大量复制图表。不仅演示文稿的幻灯片总数超标,每幅幻灯片的内容栏也塞得满满的,导致演讲时间远远超过规定时间,于是只能择要而讲,或示而不讲。

在一次高规格的科技评审会上,演讲者竟说道:"汇报时间实在太短了,来不及讲。如果哪位专家感兴趣,会后可以查阅演示文稿。”评审会结束时，已做出了评审结论，会后还要专家查看什么？完全是无厘头的话语！

强调“不讲勿示”，就是为了彻底避免“示而不讲”。其实，只要按照规定的演讲时间，认认真真地编写好演讲文稿，再从演讲文稿中提炼出精华，编排成演示文稿，就不会出现示而不讲的现象。

“不讲勿示”实际上就是“有示必讲”，如图 3-5 所示。幻灯片中的字符，必须逐一讲解。幻灯片中的图表，必须详细讲解。当然，“不讲勿示”与“有示必讲”是针对不同阶段的要求：前者针对演示文稿制作阶段；后者针对演讲阶段。

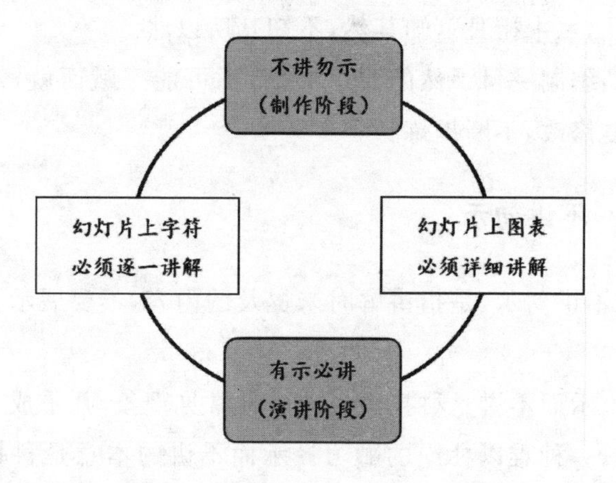

图 3-5 “不讲勿示”与“有示必讲”

如前所述，科技演示文稿应一目了然。事实上，有些演示文稿幅面的内容比较复杂，瞟上一眼，还不足以“了然”，必须做“有示必讲”式的同步讲解。

例如，图 3-6 所示的幻灯片表示“弹载合成孔径雷达探测原理”。对于同行科技人员，看上几眼，还是可以“知其然”的。但是，幻灯片的内容毕竟比较复杂，应该详细解释：“弹载合成孔径雷达以大地坐标系 $Oxyz$ 为参照。在平飞弹道段，装定导弹上的弹载合成孔径雷达天线波束的擦地角和侧视角，采用前侧视方式工作，波束照射区形成的侧视带落在基准图区域之中。合成孔径雷达探测装置在获取实时图像之后，与基准图进行比较，得到导弹与参照地物的相对位置关系，从而确定导弹与固定目标的相对位置，综合出精确制导信息，控制导弹沿末段弹道飞向目标。"讲稿中的下划线部分对应着图中的所有字符与术语，做到了有示必讲。

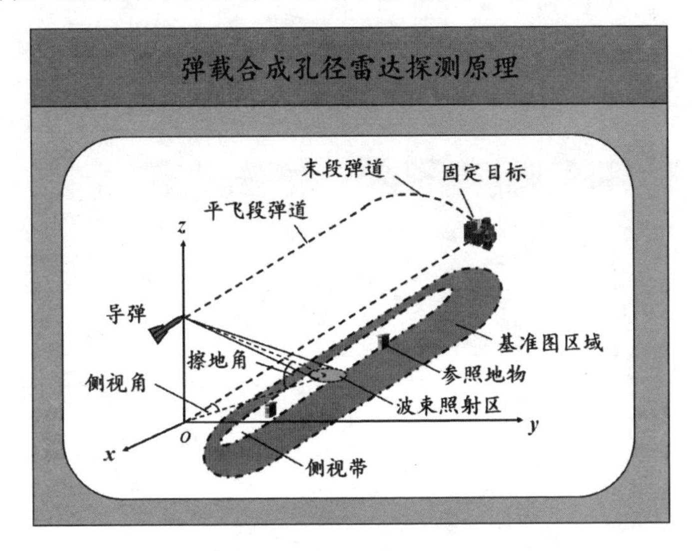

图 3-6　"弹载合成孔径雷达探测原理"幻灯片

讲解时，可以利用光标或激光笔作指示，引导听众，使听讲人视听同步，便于理解。有些演讲人把光标或激光点在投影图上晃来晃去，或讲东指西，或来回画圈，不知道他到底想指点些什么！

通常，详细框图、复杂结构图、密集曲线图、MATLAB 仿真图和截屏图，都难以讲解，不宜作为演示文稿的图形，除非作必要的简化。

当你拷贝一幅插图用于演示文稿时，一定要问问自己：这幅图能讲解吗，需要修改吗？要知道，能够直接用作演示文稿的插图少之又少，绝大多数插图经过修改简化后，才能纳入演示文稿内容栏。

同样，当你拷贝一张具有大量数据的表格时，也要问问自己：这张表格能讲解吗，需要修改吗？通常大数据量的表格应作简化，或将它变换成简图来表达。

总之，难以讲解或根本不能讲解的内容，不要出现在演示文稿中。凡是演示文稿中的内容都必须仔细讲解。

第 4 章　要素编排

科技 PPT 演示文稿的主要编排要素：纲目、内容、幅面、页数、行文、插图、表格、公式。

4.1　纲目

纲目是编撰各种科技文献的骨架与脉络，编排演示文稿也不例外。通常，针对同一事物的原始文稿、演讲文稿和演示文稿，应具有相同的纲目。尽管长篇原始文稿的纲目是详尽的，而简短演讲文稿和演示文稿的纲目是简明的，但是它们的事理逻辑是一致的。

有人形象地把纲目称为科技文献的“导航系统”。它不仅引导科技人员编撰原始文稿、演讲文稿和演示文稿，还引导阅读者或听讲者厘清原始文稿和演示文稿的编撰思路。

长篇原始文稿的目录一般不宜直接作为演讲文稿和演示文稿的纲目。有些原始文稿的目录本身比较凌乱，缺乏举纲张目的特征。如果直接把原始文稿目录作为演讲文稿和演示文稿的纲目，就难以厘清头绪，演讲文稿写不清，演示文稿编不顺，演讲质量也就可想而知了。

根据阐述对象的事理逻辑，在原始文稿目录的基础上，重新整合，提炼出适用于演讲文稿和演示文稿的简明纲目。这个纲目既符合事理逻辑，又与原始文稿目录顺序基本保持一致。

各种科研文件的纲目都应符合事理逻辑。例如在研制过程中，每个科研项目都要经过三种阶段评审：立题评审、中期评估和结题评审。应根据每种评审的事理逻辑，编写相应的科研文件、演讲文稿和演示文稿的纲目。

图 4-1 给出了科研项目的三种阶段评审的纲要，这个纲要就是“纲目”中的“纲”。

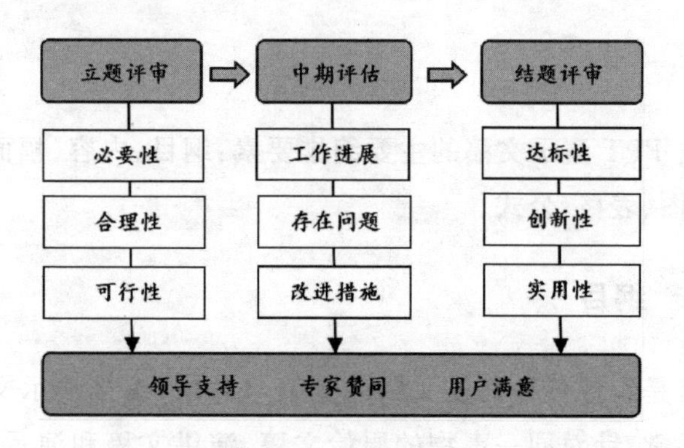

图 4-1 科研项目的三种阶段评审的纲要

立题工作的事理逻辑：阐述科研项目的必要性、合理性与可行性。立题报告、演讲文稿和演示文稿都必须以“必要性→合理性→可行性”为纲。

中期评估工作的事理逻辑：审视前期工作进展，发现存在问题，提出改进措施，起到承前启后的作用。中期评估报告、演讲文稿和演示文稿都应以“工作进展→存在问题→改进措施”为纲。

结题评审工作的事理逻辑：评估科研项目的达标性、创新性和实用性。研制总结报告、演讲文稿和演示文稿都应以“达标性→创新性→实用性”为纲。

总之，不同科研阶段的总结报告或汇报内容的纲目都必须符合科研工作的事理逻辑。只有这样，领导才会支持，专家才会赞同，用户才会满意。

举纲，方可张目。以航天科研项目“立题报告”为例，按照相关行业标准编排的科研文件的内容多达九节，各节的标题少则四五字，多则一二十字，既有短语，又有句子，文法极差。航天科研项目“立题报告”演讲文稿和演示文稿的目录应该以“必要性→合理性→可行性”为纲，将其设置为目录中的三个章标题。然后，在章中设节，形成完整的纲目体系。图 4-2 为“立题报告”演示文稿的目录页幻灯片。

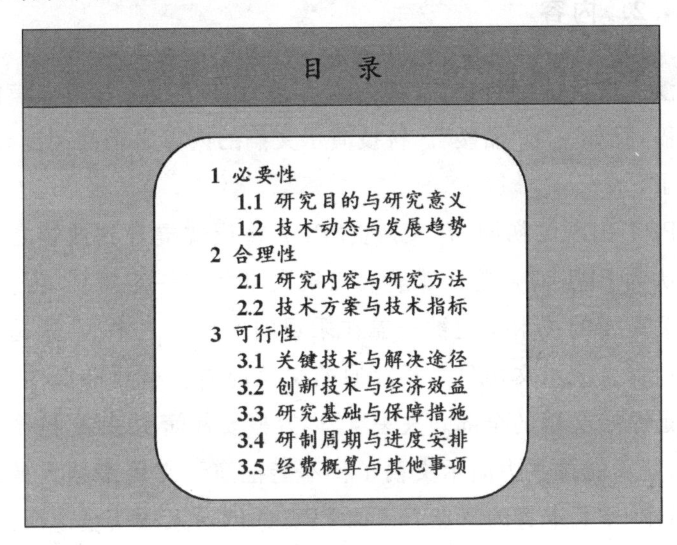

图 4-2　“立题报告”的目录页幻灯片

由图 4-2 可见，立题报告共设三章九节。第 1 章“必要性”中设两节：1.1 节/研究目标与研究意义，1.2 节/技术动态与发展趋势。第 2 章“合理性”中设两节：2.1 节/研究内容与研究方法，2.2 节/技术方案与技术指标。第 3 章“可行性”中设五节：3.1 节/关键技术与解决途径，3.2 节/创新技术与经济效益，3.3 节/研究基础与保障措施，3.4 节/研制周期与进度安排，3.5 节/经费概算与其他事项。

如前所述，科技汇报类演讲文稿和演示文稿的纲目原则上应与原始文稿目录保持一致，当然也可以作必要的精简。由图 4-2 可见，章标题都是三个字，节标题都是九个字，采用了排比结构，整齐划一，清晰明了。尽管演讲文稿和演示文稿的纲目与相关标准规定的目录并不相同，但内涵完全一致。

采用简明的汇报提纲，有助于演讲，也有助于理解，而且彰显了编排者的文采，何乐而不为！

4.2 内容

演示文稿的纲目是“骨架”，内容是“血肉”。内容不丰满的演示文稿，犹如一个“骷髅”。科技演示文稿的内容必须简明扼要，醒目明了。

PPT 出现的初期，有人指责“PPT 将形式提升到内容之上”。甚至认为 PPT 对哥伦比亚航天飞机失事负有一定责任，因为“一些至关重要的技术问题被掩盖在乐观的幻灯片之中”。这是莫须有的指责。演示文稿只是长篇原始文稿的内容概要和简明总结，而不是原始文稿的全部。失去了“内容概要和简明总结”这个基本特征，就不能称其为演示文稿了！不能把演示文稿编制人员的无能，当作 PPT 本身的缺点。正如 PPT 的创始人加斯金斯所说，如果用 PPT 没有做好工作，那么用其他工具也会犯错误。

在完成某页幻灯片的编排工作后，一定要检查：一、标题栏中的标题是否符合纲目要求；二、内容栏中的内容是否符合讲稿中相关部分的描述。凡是偏离纲目和演讲内容的幻灯片，都必须修改。

下面举一个实例，介绍如何编排与讲稿内容一致的幻灯片。

在研制俯冲攻击海面舰艇的导弹时，需要验证弹载雷达对海面目标的探测能力。如下两段文字组成的讲稿描述了这个问题。

第一段文字——“弹载雷达高空俯视探测海面目标时，波束擦海角接近 90°，海面反射的杂波很强，往往检测不到舰艇，影响探测能力。由于挂载雷达的飞机只能在低空飞行，雷达波束对准舰艇时的擦海角很小，海面的后向散射较小，海杂波很弱，容易探测到舰艇。显然，利用低空挂飞试验直接进行探测时，无法复现杂波环境，不能验证雷达的实际探测能力。”

第二段文字——“能不能用低空挂飞试验演示高空俯视探测状态呢？实际上，只要使挂载雷达天线波束的指向与实际系统中天线波束的指向相同，挂飞过程中天线波束掠过目标时，等效于俯冲探测。通过换算，就能得到等效的高空俯视探测性能。”

图4-3与图4-4是配合上述两段讲稿的两幅幻灯片。

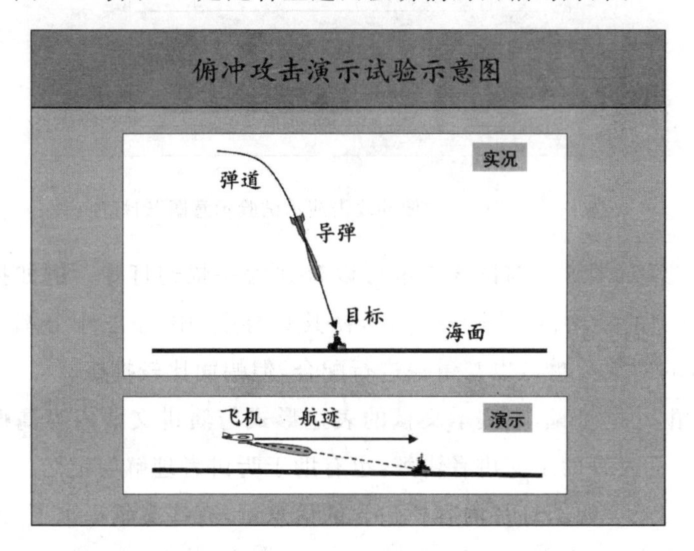

图4-3 “俯冲攻击演示试验示意图”幻灯片

图4-3所示的幻灯片对应讲稿中的第一段文字，它有上下两个分图。上面的分图表示导弹攻击目标的实际情况，下面的分图表示低空挂飞演示试验的存在问题。图文结合，容易讲解，也容易理解。

图4-4所示的幻灯片对应讲稿中的第二段文字，也有上下两个分图。上面的分图与图4-3一样，表示导弹攻击目标的实况。下面的分图表示低空挂飞演示试验时，天线波束的正确指向。

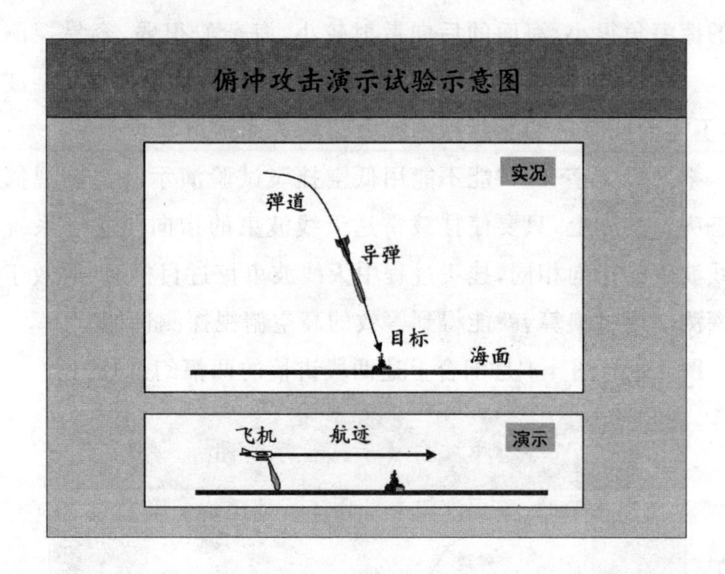

图 4-4 改进后的“俯冲攻击演示试验示意图”幻灯片

当然,图 4-3 与图 4-4 也可以合并为一幅幻灯片。例如把图 4-4下面的分图移至图 4-3 下方,使其具有上、中、下三个分图。合并后的幻灯片也可以与讲稿进行配合,但幅面比较拥挤。

由此例可见,当演示文稿的表达形式与演讲文稿内容高度一致时,不仅有助于演讲者讲解,也有助于听讲者理解与记忆。

关于一幅幻灯片内容栏包含的信息量,有些文献提出了“门槛七”准则。要求在一幅幻灯片中不超过七个新概念,认为这是听讲人理解力的极限。当然,这与“新概念”的定义有关。如果是科技新概念,一幅七个,那就太多了。对于一幅科技幻灯片而言,不要说七个新概念,能表达清楚一个“小概念”就很好了!一幅幻灯片,一个“小概念”,这是编排科技演示文稿技术内容时必须注意的问题。当然,对这个“小概念”可以使用“门槛七”准则,即支撑它的要点不要超过七个,通常只需三四个支撑点就足够了。

4.3 幅面

演示文稿的幅面编排包括标题栏编排与内容栏编排两个方面。幅面编排不仅要做到格调统一，还应做到词精、图美、表清。

标题栏编排比较简单，但涉及“纲目清晰”的问题，不得马虎。演示文稿的标题栏用来编排章、节、条、款的标题，原则上应一页一题。有些演示文稿中，标题栏从头到尾都填写了文件名。有些演示文稿中，各章的标题栏都填写了各自的章名称。有些演示文稿中，接连数页都用同一条款的标题。这些都是错误的。

内容栏编排比较复杂，而且没有一成不变的格式。提纲式演示文稿、简图式演示文稿和简表式演示文稿的幅面各有特点，应针对具体内容合理编排。如果可以用插图、表格或文字表达同一科技内容时，应该插图优先，表格次之，文字为末位选择对象。

科技演示文稿中的幻灯片，要突出技术内容，使每个幅面都体现技术性。

首先，要突出重点，把表述主题的关键词用最醒目的方法表达出来。或将其置于内容栏顶部，“开门见山”；或将其置于内容栏底部，“图穷观点见”。使听讲人便于观察，便于理解，便于记忆。

其次，要精简文字，能少则少，越少越好。尽量采用排比术语或短语，清晰明了，通俗易懂。大段文字是令人讨嫌的“肿瘤”，应删除。

第三，要精简图表，使其具有自明性。插图和表格的要素也要遵守“门槛七”准则。如果图表中包含的要素太多，听讲人是难以适应的。

第四，要编排好辅助内容。辅助内容是主题内容的支撑点，它处于从属的位置。编排时，要主次分明，“先主后从”。通常，上方为主下方为从，左侧为主右侧为从，深色为主浅色为从。

最后，要防止过度的艺术性包装。过多的背景图案，过深的背景颜色，过多的色彩层次，都会严重干扰听讲人的视线，使听讲人只见红红绿绿，难见技术内涵。

当前，能够达到这些要求的科技演示文稿实在太少了。图 4-5 是某演示文稿中的 16 幅幻灯片的浏览图。除了个别幻灯片点缀了插图之外，其余都是文字叙述。此类编排呆板、充斥条文的科技演示文稿，容易导致听讲人视觉疲劳。无论原始文本多么优秀，演讲者的口才多么出众，采用此类演示文稿，演讲效果不会令人满意。

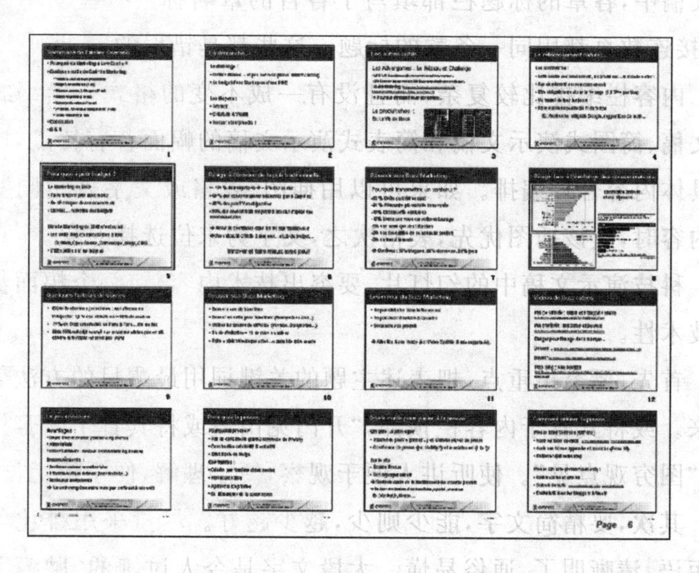

图 4-5　某演示文稿中的 16 幅幻灯片的浏览图

此类演示文稿，如果用作评审汇报，专家学者不可能给汇报者高分。如果用作学术交流，同行科技人员不可能给演讲者好评。如果用作技术沟通，同事们无法获取交流内容的要点。

4.4 页数

幻灯片的常用量词为“张”“页”“幅”等。原则上，这些量词都是可以接受的。在 PPT 教程和参考文献中，多数采用“页”，如题名页、摘要页、目录页、过渡页、内容页、总结页、结束页等等。但是，在一些特殊场合，应作适当变通。例如在“一页 A4 纸上打印六页幻灯片”中，两个“页”字显得很别扭，“一页上打印六页”，于理不通。若写成“在一页 A4 纸上打印六幅幻灯片”，比较得体。在本书中，将根据实际语境，灵活采用“页”或“幅”表示。

科技汇报类演示文稿的页数要适应科技汇报会或学术交流会的规定时间，宁短勿长。页数多少，不仅与演讲时间有关，还决定于演示纲目的长短。要兼顾两者，难度不小！编制演示文稿的新手，往往受此困扰，无从下手。要学会编写概要，善于提炼精华，千万不能采用加快语速和“示而不讲”等方法去凑合课时，更不应该自说自话地延长演讲时间。有些针对多个项目的流水式评审会，对汇报时间有硬性规定，一旦主持人强行终止某个演讲时，讲解人将十分被动。

图 4-6 记述了一个真实事件。有人在准备 10 分钟评审汇报时，针对 200 多页原始文稿，编制了 120 幅幻灯片，平均每分钟讲 12 幅。5 秒钟一幅，恐怕用绕口令的语速也不能完成演讲。

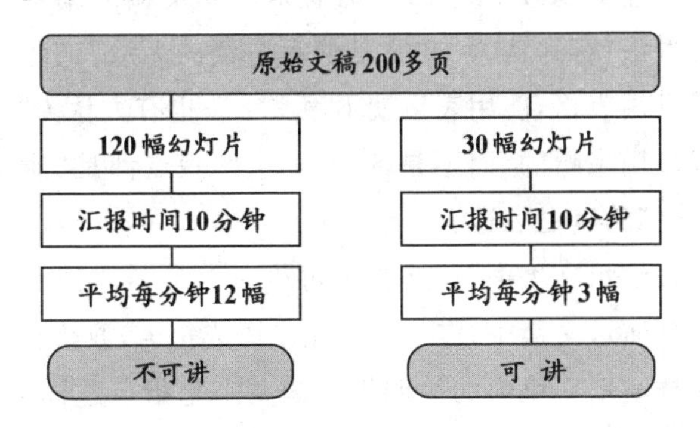

图 4-6　幻灯片的页数与演讲时间的适应性举例

当事人几经修改，仍然解决不了“待讲内容”与“讲解时间”的矛盾。后经高手点拨，先编写 10 分钟讲稿，再针对讲稿配置演示文稿,问题也就迎刃而解了。幻灯片的数量从120幅减少到30幅,平均每分钟讲3幅幻灯片,勉强可讲。

再讲一件实事。一位科技人员在试讲他的待评审的演示文稿后,发现演讲时间超过了近一倍。预审人员希望删除一半幻灯片。随后,他确实把幻灯片减少了一半。可笑的是,竟把删除的内容分散到其他幻灯片中,而讲稿内容几乎未作精简。问他准备怎么讲,他说讲快一点就可以了。那可不是讲快一点,语速加快一倍才行,如同儿戏。

对于科技汇报类演示文稿,平均每分钟讲解两三幅幻灯片,是比较合适的。当然,讲解速度与每幅幻灯片的信息量、讲解人员的语速、听众的适应能力等诸多因素有关,不能一概而论。

根据演讲时限,先编写演讲文稿,再编排相应演示文稿。通过试讲,不断调整,才能得到适应时限要求的最合适的演讲文稿和演示文稿。

4.5 行文

前面曾经提到过一些PPT教程对演示文稿的编排方法提出了独特的看法:有人认为“文字是演示文稿的天敌”;有人认为“能用插图就不用表格,能用表格就不用文字”;也有人认为“演示文稿中的文字是用来瞟的,而不是读的”。这些观点都是“演示文稿必须一目了然”的直白表达。

在科技演示文稿中,行文必不可少。但是不能把长句或整段文字拷贝到演示文稿中,应采用排比术语或短语,取代长句或整段文字。科技演示文稿中的简明扼要的文字是指点迷津的“天使”,而不是“天敌”。读者可以注意一下本书正文中的插图和最后给出的三个实例,除了列举的负面案例之外,演示文稿中没有整段文字,很少出现句子。这是实现“一目了然”的基本措施。

许多阐述演示文稿编制方法的讲义中,提到一个行文原则——“多就是少，少就是多。”图 4-7 阐述了演示文稿字符“多”与“少”的辩证关系。字符过多，堆砌废话，信息量少，“多就是少”。字符精简，突出重点，信息量多，“少就是多。”这种行文原则也照顾了听讲人的接受能力：文字越多，能记住的东西越少；文字越少，能记住的东西越多。

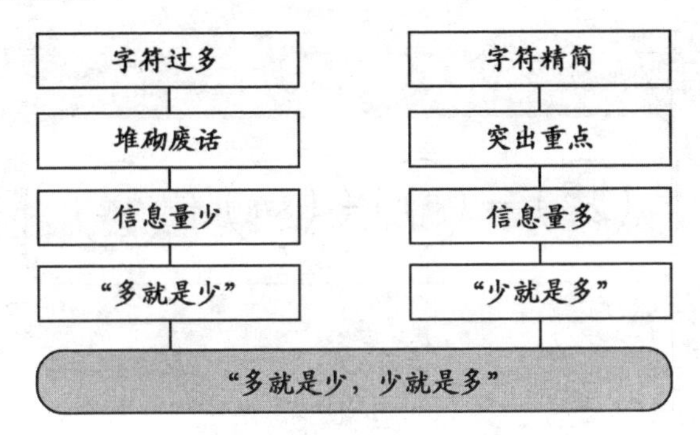

图 4-7　演示文稿字符“多”与“少”的辩证关系

编排文字类演示文稿不是轻而易举的事情，不仅要一目了然，还应突显亮点，这个亮点就是值得记忆的重点。如果整个幅面都是文字，要寻找这个亮点，是十分困难的。

假如阅读一幅文字类幻灯片之后，没有发现值得记忆的东西，那么这幅幻灯片存在的必要性就应该怀疑，至少要作修改。

如何把大段文字变成一幅简明的幻灯片，是需要一番思量的。在图 3-4 中已有明确表述，可以用简图、简表或提纲表示。

4.6　插图

演示文稿中的图形必须清晰明了，听讲人能够“看图识意”。有些高质量的演示文稿，无需讲解，听者就能明白讲解人要讲些什么！

什么叫做“看图识意”？如果听讲人在听讲前阅读一幅幻灯片，并把意识到的内容写成文字，而这些文字与讲解人的演讲文稿基本相符，那么这幅幻灯片就具有“看图识意”的潜质。

图 4-8 是关于“科技论文写作概述”的幻灯片，简明清晰，科技人员都能理解其含义。

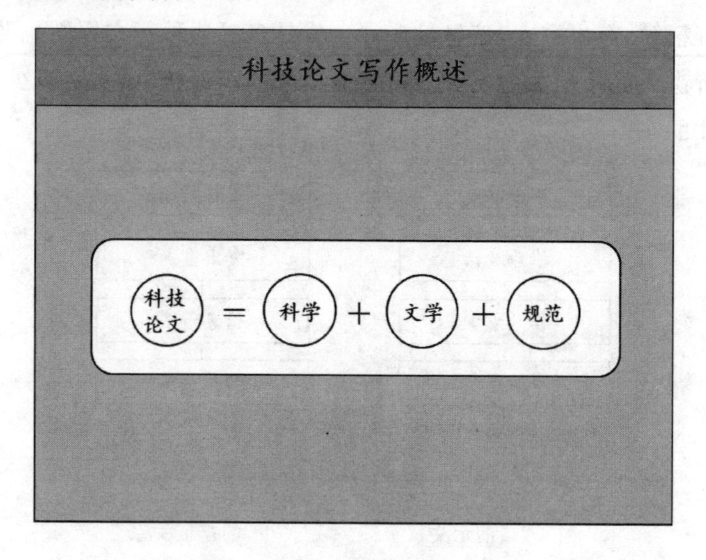

图 4-8 “科技论文写作概述”幻灯片

看了图 4-8 所示的幻灯片，即使不听演讲者讲解，也会心领神会其内涵：“科技论文是科学、文学和规范的结合体。”这种理解是正确的，它正是这幅幻灯片要传达的核心意涵。不妨看一看这幅幻灯片的讲稿：“科技论文离不开科学、文学和规范。没有科学，哪有科技？没有文学，怎么行文？没有规范，作者、编辑、读者哪有共同语言？‘科技论文＝科学＋文学＋规范’的观点是无可非议的。”面对这样的幻灯片，演讲者与听讲人达到高度和谐，这是科技讲座的最佳状态。

多数科技人员不会充分利用图形编排演示文稿，除了拷贝原始文稿中的原图之外，再也没有其他图形。其实，“以图示文”才是编排演示文稿的常用方法。把一段文字精炼成若干术语或短语，然后把它们关联成一个图形，这是演示文稿编制人员必须具备的基本功。

必须指出，原始文稿的简明插图可以拷贝到演示文稿的内容栏中。一些复杂的图形，不应该也没有必要移植到演示文稿中。因为太复杂的插图，讲解人不可能做到“有示必讲”，听讲人也不可能关心插图中那么多细节。“多就是少”的原则也适用于插图。如果一个方框图中的功能框太多，一个曲线图中的曲线太多，一个结构图中的零部件太多，听讲人就会无所适从。

4.7　表格

演示文稿中的表格必须清晰明了，听讲人能够“读表知情”。

与插图一样，表格也需要认真设计，要体现科学性、严谨性和规范性。科技演示文稿中的表格应符合编制规范，不能我行我素，随意编排。当然，在符合制表规范的前提下，可以作适当调整与修饰。例如：框线的粗细、颜色、虚实、显隐等的调整；行距与列宽的调整；单元格的合并或拆分；添加单元格底色；改变表内文字的颜色等。

令人遗憾的是，科技演示文稿中的多数表格不符合科技写作的相关规范。例如：以单行或单列表身构成表格；表头出现斜杠；栏目编排不清晰；配置纵向备注栏；设置表中表、表中图或表中式；表身的行距多变等等。参考文献[6]详细介绍了科技表格的编排规则，可参阅。

在演示文稿中，有些幻灯片的表格内编排了海量数据，讲解人不可能逐一讲解，听讲人更不会逐一阅读，这种幻灯片如同摆设，是无效的。

图4-9所示的幻灯片中给出了六个信道的增益与控制电压的关系，六行表身中有48个数据（注：图4-9中未列出）。阅读这个表格有两个目的：一是了解每个信道增益是如何随控制电压变化的；二是了解六个信道的增益控制特性是否一致。在极短的时间内，很难达到这两个目的。

六个信道的增益与控制电压的关系

控制电压		1V	2V	3V	4V	5V	6V	7V	8V
六个信道增益 G/dB	1								
	2								
	3								
	4								
	5								
	6								

图 4-9 “六个信道的增益与控制压电的关系”幻灯片

可以将这个表格转换成曲线图，在同一个直角坐标系中画出六个信道的增益控制特性，如图 4-10 所示（注：图 4-10 中只画了两个信道的控制特性）。

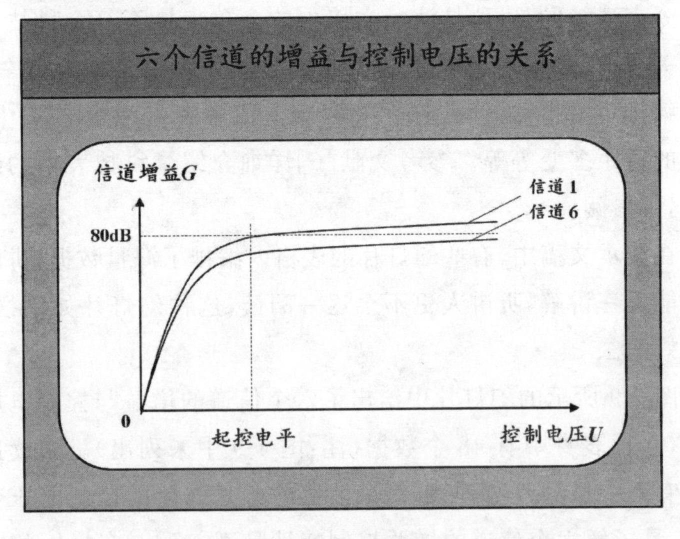

图 4-10 “六个信道的增益与控制电压的关系”幻灯片

从图中可以看出起控电平、起控增益、控制段特性斜率、信道间增益差等参数。这些参数在图4-9的表中是隐含的，而在图4-10中是显现的。要从图4-9的表中读出这些技术参数，少说也得花上数分钟时间，从图4-10中可以轻易地获取这些参数。

图4-10所示曲线图，讲解人易讲，听讲人易懂，事半功倍。这种简单的道理，一般科技人员都懂。图表转换的方法，凡是科技人员都会操作，但很少有人这么做！不要自己想怎么编排就怎么编排，应该多为听讲者着想，要让听讲者能够在最短的时间内看懂演示文稿的内容。

不少科技人员，在参加PPT培训之后，好像会操作了，其实还是似懂非懂。他们一听就懂，一学就会，一画就错。个别科技人员，屡改屡犯，陋习依旧。甚至还说："马马虎虎，也能过关。"学风不正，学什么编制方法都是多余的。

4.8 公式

在科技演示文稿的编排要素中，公式最难编排。除了以数学公式为主要阐述对象的科技演示文稿以外，一般工程类演示文稿中，尽可能不编排或少编排数学公式。

在工程项目的科技评审中，但凡涉及数学公式较多的科技汇报，效果都很差。为什么导致这种结果？究其原因，大致有三点：一、只给出公式，不作讲解，讲解人心知肚明，听讲人莫名其妙；二、只读念公式，不作分析，讲解人敷衍了事，听讲人一知半解；三、只讲数学关系，不讲物理概念，公式游离于汇报内容之外，失去了实际意义。

涉及公式的推导过程时，应该阐述推导过程的物理意义。图4-11介绍了主动雷达导引头的作用距离公式的推导过程。

图4-11中，上面的横条框内画出了主动雷达导引头的工作态势，导弹中的主动雷达导引头发射电磁信号，并接收目标的反射信

号。左下方的七个竖条框表达了雷达导引头作用距离公式的推导步骤。右下方的方框给出了作用距离公式。图 4-11 是一个提示型幻灯片,适用于对同行科技人员讲解,用来回顾、复习基础知识。讲解时,只需把七个竖条框的内容依次解释一下就可以了。提示作用距离公式中涉及的物理量,便于在后续演示文稿中应用,有承前启后的作用。

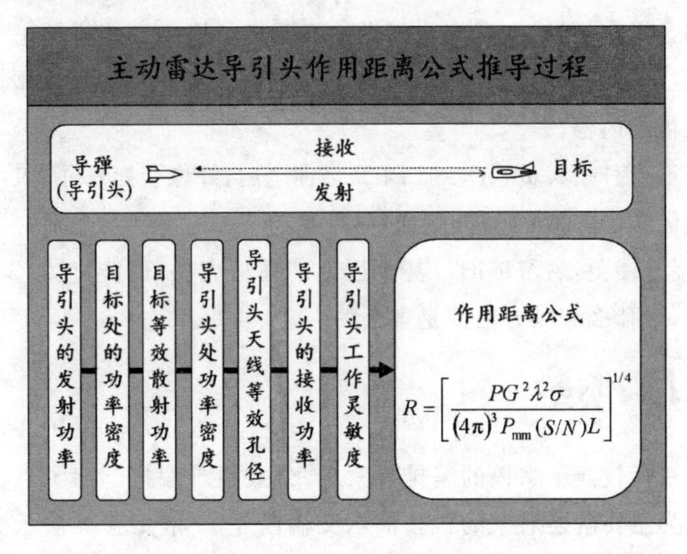

图 4-11 “主动雷达导引头作用距离公式推导过程”幻灯片

如果要详细讲解导引头发射功率、目标处功率密度、目标等效散射功率、导引头处功率密度、导引头天线等效孔径、导引头接收功率、导引头工作灵敏度(极限灵敏度与信噪比之积)和系统损耗的具体计算方法,需配置多幅幻灯片才能表达清楚。

有时为了解释某个公式的物理概念,可以将它编排成汉字关系式。图 4-12 给出了主动雷达导引头作用距离的汉字关系式。

图 4-12 中,自上而下有三个单元:上面是导弹与目标态势图;中间是作用距离的数学关系式;下面是作用距离的汉字关系式。汉字关系式是这幅幻灯片的核心,通常可以用套色文字加以强调。

这个汉字关系式直观地显示主动雷达导引头的作用距离的影响因素：与发射功率或目标散射截面的四次方根成正比；与天线增益或工作波长的平方根成正比；与极限灵敏度、信噪比或系统损耗的四次方根成反比。

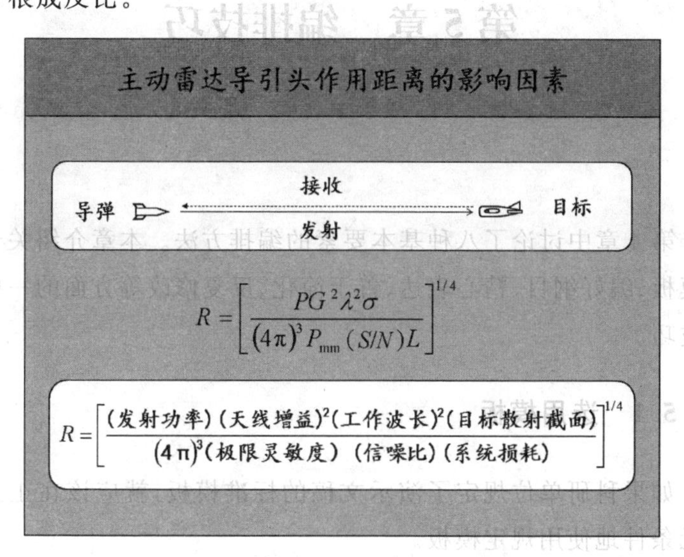

图4-12　“主动雷达导引头作用距离的影响因素”幻灯片

当然，还可以在图4-12所示的幻灯片之后，设置多页幻灯片，分别对主动雷达导引头的作用距离影响因素进行分析。例如，“作用距离与发射功率的四次方根成正比”“作用距离与天线增益的平方根成正比”等等。

有些介绍工程项目的演示文稿中，充斥着阐述基本概念的数学公式，很少分析项目的核心技术，貌似深奥莫测，实质空洞无物，这样的演示文稿是没有实际意义的。

总之，如何把公式纳入演示文稿，是一个需要认真对待的问题。要不要演示，怎么演示，演示到什么程度？应根据演示文稿的具体应用场合和不同听众对象，选择适当的演示方式。

第5章　编排技巧

第4章中讨论了八种基本要素的编排方法。本章介绍关于选用模板、编好纲目、精心表达、善于简化、反复修改等方面的一些编排技巧。

5.1　选用模板

如果科研单位规定了演示文稿的标准模板，就应该在正式场合无条件地使用规定模板。

允许自行选择模板时，一般采用横排模板。常见的横排模板有两种：双栏版和三栏版。图5-1与图5-2分别为双栏版与三栏版模板示意图。

双栏版模板由标题栏与内容栏组成。标题栏用来编排章、节、条、款的标题。内容栏用来编排与标题对应的文、式、图、表等内容。

三栏版模板除了标题栏与内容栏之外，还设置了页脚栏。页脚栏编排单位名称等信息，所有页面的页脚栏都是相同的。

编制科技演示文稿时，没有必要对模板设置复杂背景图案。有些模板的标题栏采用由浅到深的渐变底色，这种标题栏使编排者无所适从：若标题用浅色字，则隐藏题首；若标题用深色字，则隐藏题尾。有些模板的内容栏以青山绿水、熊猫竹子为背景，干扰了技术内容的编排，喧宾夺主，得不偿失。

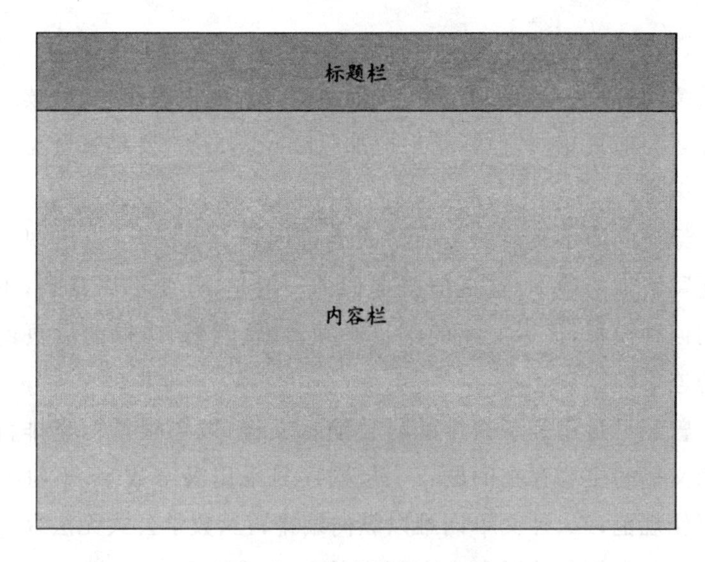

图 5-1　双栏版模板示意图

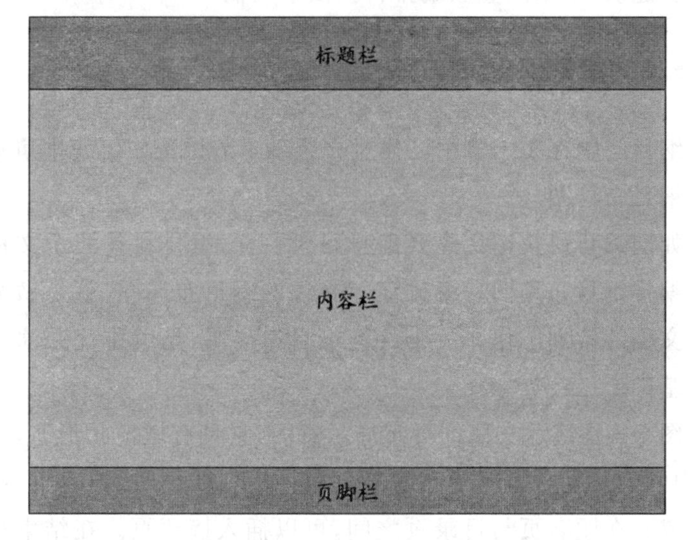

图 5-2　三栏版模板示意图

如前所述，不少演示文稿的所有标题栏内，都填写了文本的题名，这是错误的。文本题名只编排在首页(题名页)内。同样，同一章内的幻灯片标题栏，不可以都编写成本章的章标题，应填写相应的节、条、款的标题。原则上，所有幻灯片的标题应该各不相同。在后续幻灯片中，如果需要接排前页幻灯片的内容，那么后续幻灯片标题与前页相同，但标题后应加“(续)”。当然，要尽量避免采用续页编排。

经典的演示文稿的版面格式有待创新。事实上，也出现了一些新颖清晰的版本，这是值得提倡的。但是，万变不离其宗，不论采用何种模板，演示文稿的纲目必须清晰、顺畅，确保前后页幻灯片的连贯性。

曾经见过用竖版编排的科技演示文稿，效果很差。竖排科技演示文稿的主要存在问题：一、层次序号采用汉字数字，不符合科技写作规范；二、外文单词难以纵向编排；三、数学公式无法纵向编排；四、与常规科技图书自左至右的阅读习惯不一致，视觉上难以适应。建议：不采用竖版编排科技演示文稿。

5.2 编好纲目

纲目问题在 4.1 节中已作过介绍。本节讨论如何编排演示文稿的纲目布局图。

如同编写科技论文先要编排目录一样，编排科技演示文稿应该先编排纲目布局图。编排演示文稿的纲目布局图，就是做编制演示文稿的策划工作。一个好的纲目布局图，是编排优秀演示文稿的基础。

图 5-3 是演示文稿纲目布局示意图，它具有橄榄状形态，两头尖，中间大。纲目布局图由题名页、目录页、转场页、内容页、结束页组成。在题名页与目录页之间，可以插入摘要页。在结束页之前，可以插入结束语幻灯片。

在纲目布局图中，转场页的设置特别重要。所谓转场页，就是表达层次转换的提示页。如果章内需要设节时，应设置“章→节”转场页。如果在某节中，需要设置下层次节时，也应编排“节→节”

转场页。某一节中设置多个条款,而且每个条款的内容足以编排一幅幻灯片时,也要设置"节→条"转场页。如果某节中有多个条款,但条款的内容比较简明,则不必转场编排,可以在同一幅幻灯片中用列项形式表达。章、节、条的转场层次越多,纲目布局图的中间部分也就越"丰满"。

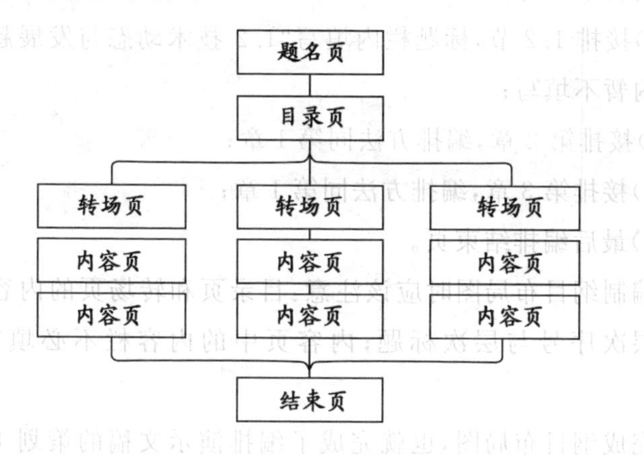

图 5-3 演示文稿纲目布局示意图

不少科技人员在编制演示文稿之前,并不编制纲目布局图,随意编排幻灯片,脚踩西瓜皮滑到哪里算哪里,编排的演示文稿无质量可言。

其实,编排演示文稿纲目布局图并不困难。首先应把原始文稿的目录条理化、简明化。对于长篇原始文稿,章节目录多达三四十个,每节中又有多个知识点,不可能在演讲时限内演示全部内容。必须精简原始文稿的目录,得到简明扼要的演讲文稿和演示文稿纲目。如有可能,应该采用排比形式的章节标题。如图 4-2 给出的《立题报告》的目录,就是一个符合项目事理逻辑的简练目录。根据这个目录,参照图 5-3 所示的格式,可编排相应的演示文稿纲目布局图。编制步骤:

a)题名页中编排演示文稿名称——××××立题报告;

b)目录页的标题栏为"目录",内容栏内并列编写立题报告三个章的序号和标题；

c)接排第 1 章的章到节的转场页，标题栏内填写“1 必要性”，内容栏内并列填写该章的两个节的序号和标题；

d)接排 1.1 节，标题栏内填写“1.1 研究目的与研究意义”，内容栏内暂不填写；

e)接排 1.2 节，标题栏内填写“1.2 技术动态与发展趋势”，内容栏内暂不填写；

f)接排第 2 章，编排方法同第 1 章；

g)接排第 3 章，编排方法同第 1 章；

h)最后编排结束页。

编制纲目布局图时应该注意：目录页和转场页的内容栏内需填写层次序号与层次标题；内容页中的内容栏不必填写，是空白的。

完成纲目布局图，也就完成了编排演示文稿的策划工作。后续工作是填写内容页中的空白内容栏。在这些内容栏内，不允许再出现层次序号和层次标题，否则纲目布局图应作相应的调整。当然，列项序号是例外，因为它们不是层次序号[6]。

值得注意，实际操作中不少科技人员往往用“纲目系统表”取代“纲目布局图”，使演讲文稿和演示文稿的纲目策划工作更简便、更灵活。所谓系统表，就是“用横线、竖线或括号把文字连贯起来，用以表示系统的表格。”(注：有些科技文献将“系统表”当作插图编排。)

以“××××立题报告”为例，相应的纲目系统表如表 5-1 所示。表中只给出了章、节之间的转场页。若节中需要分条演示，还应设置节、条之间的转场页。

有些内容丰富、篇幅较长的科技文稿可能出现章、节、条、款多层次转换，系统表的体量较大。

系统表中的每个“文字单元”代表演讲文稿的一个段落或演示

文稿的一幅幻灯片。

表 5-1　“××××立题报告”纲目系统表

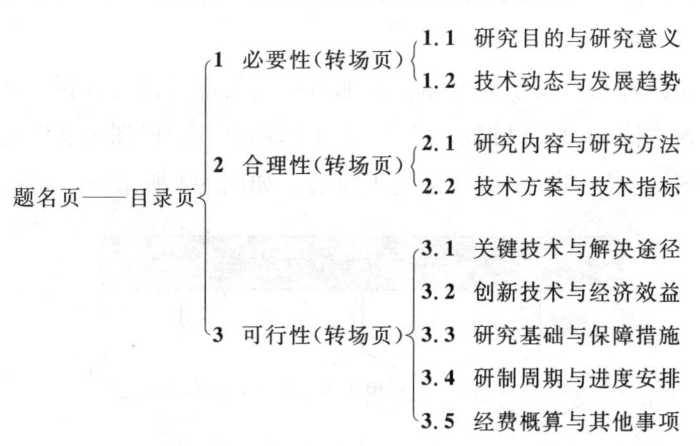

纲目系统表与纲目布局图的内涵完全相同。在策划演讲文稿时，宜采用纲目系统表构建演讲文稿纲目布局，便于反复修改和调整。在策划演示文稿时，应绘制纲目布局图，呈现待编演示文稿的所有幻灯片，启动编制工作。

必须指出，在图 5-3 所示的纲目布局图或表 5-1 所示的纲目系统表中，还应包含诸如举例阐述、补充说明、要点注释之类的特殊幻灯片。这些幻灯片紧随某个主体幻灯片，尽管不设层次序号，但配有清晰明确的标题，使其与主体幻灯片自然衔接，融会贯通，顺理成章。

5.3　精心表达

要精心编排每幅幻灯片。精心编排的内涵：精简文字，使听讲人望文知义；精简插图，使听讲人看图识意；精简表格，使听讲人读表知情。对于原始文稿中的大段文字、复杂公式和复杂图表，必须进行精简，否则不能纳入演示文稿的内容栏。

在编排演示文稿的时候，经常遇到大段文字，多数制作者对此不以为然。须知，在一些 PPT 教程中，把大段文字视作演示文稿的“垃圾”或“肿瘤”，非清除不可。即使比较精练的大段文字也不应该直接纳入演示文稿中。

如何将大段文字的内涵合理地编排进幻灯片的内容栏？通常有三种方法：一是“以纲示文”，寄语于提纲；二是“以图示文”，寄语于简图；三是“以表示文”，寄语于简表。如图 5-4 所示。

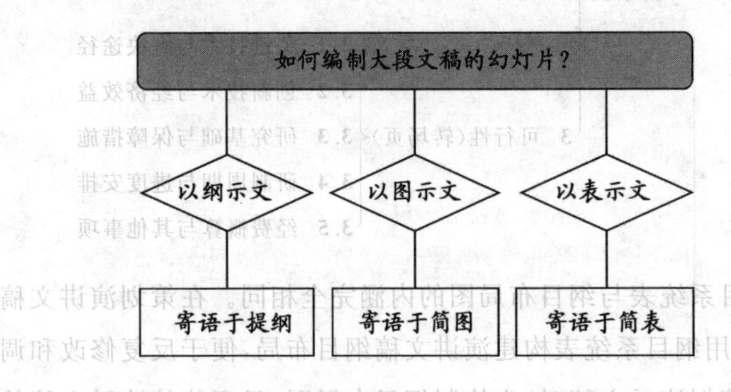

图 5-4　大段文字幻灯片的表达方式

下面举一个以图示文的实例——“科技论文写作的 PDCA 控制”。“PDCA”即“策划—实施—检查—处置”，是现代过程管理的一种经典方法。实例的讲稿长达 300 多字，包含三个意群。

第一个意群——“科技论文写作过程可以分成两个 PDCA 循环：准备阶段 PDCA 循环和行文阶段 PDCA 循环。”

第二个意群——“准备阶段 PDCA 循环，是实现科技论文‘举纲’的控制过程，也就是确认科技论文创新点的控制模式：策划就是选定题材，确定创新点；实施就是编写关于创新点的短文；检查就是审定短文中的创新点是否有效；处置就是根据检查结果确定下一步的工作内容，若短文不具备创新性则应重新选题，若短文具备创新性则进入行文阶段。”

第三个意群——“行文阶段 PDCA 循环，是实现科技论文‘张目’的控制过程，也就是确保科技论文条理性的控制模式：策划就是围绕创新点编写详细提纲；实施就是撰写并修改文稿；检查就是审核文稿的条理性；处置就是决定文稿的下一步走向，若文稿不具备条理性则继续修改，若文稿具备条理性则可以参与学术交流或投稿发表。”

以上文字不应该直接纳入幻灯片中。可采用“以图示文”的方法，将三个意群绘制成图5-5所示的流程图。

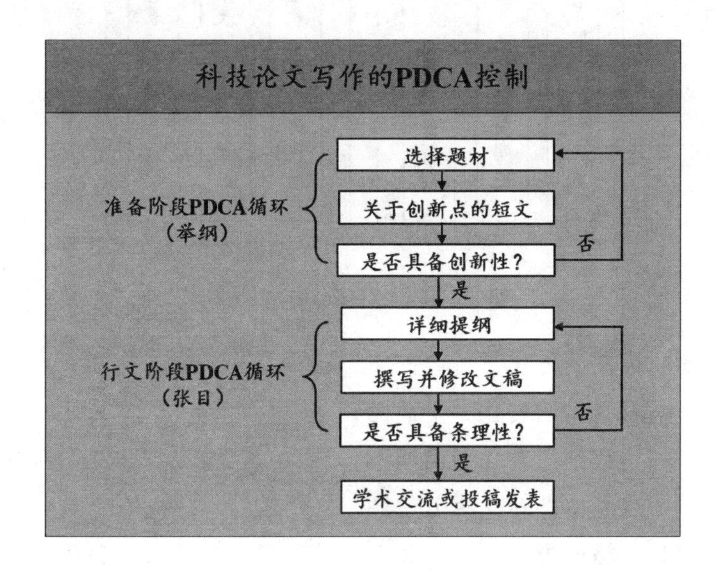

图5-5　“科技论文写作的PDCA控制”幻灯片

投影图5-5所示的幻灯片，讲解相应的演讲文稿，并以光标或激光笔助讲，听讲人就能清晰地理解科技论文写作PDCA控制的基本内容。当然，如果没有科技写作、质量管理、流程编制等方面的基础知识，就难以编排出图5-5那样的幻灯片。

5.4　善于简化

除了大段文字应作简化之外，科技文献中的复杂图表，也不宜直接拷贝到演示文稿中。原始文稿中的复杂图表，作简化后才能用作演示文稿的图表。图 5-6 介绍了几种简化图表的方法。

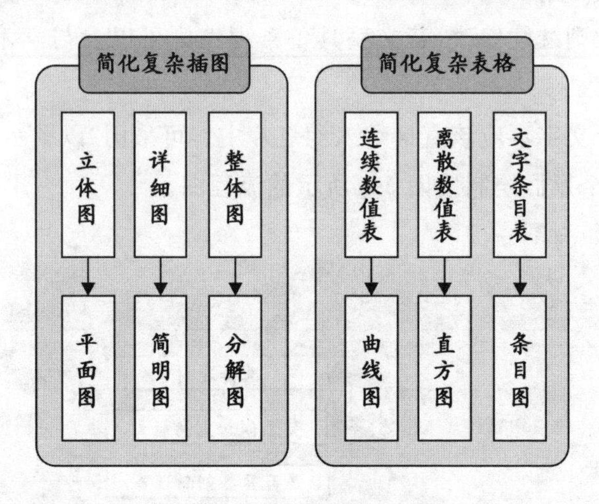

图 5-6 复杂图表的简化方法

简化插图的方法：

——将立体图转化为平面图；

——将详细图转化为简明图；

——将整体图转化为分解图。

简化表格的方法：

——将连续数值表转化为曲线图；

——将离散数值表转化为直方图；

——将文字条目表转化为条目图。

这里举一个将立体图转化成平面图的例子。图 5-7 是关于“引信启动区与引战配合”的幻灯片，表示导弹引信与战斗部的配合方式。引信天线波束构成了引信启动区。一旦目标进入启动区，就会引爆战斗部，摧毁目标。实际上，引信天线波束不是平面波束，而是一种前倾的围绕弹轴的锥状波束。战斗部引爆后的碎片也不在一个平面内散开，同样也有一个锥状的飞散区域。把实际上的三维立体图简化成平面图，不仅减少了制作幻灯片的工作量，也使听讲者更容易理解“引战配合”的概念。只要在讲解时稍作说明，也不会导致误解。

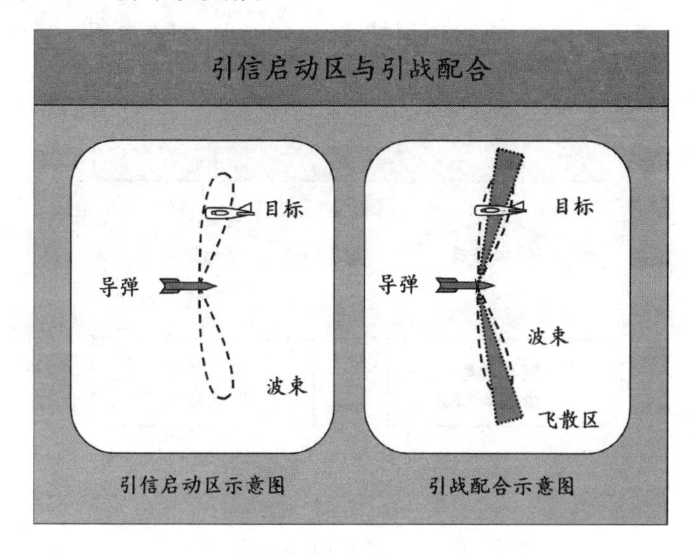

图 5-7 “引信启动区与引战配合”幻灯片

有些表格也可以用简图来表示。例如 4.7 节中，将图 4-9 所示的幻灯片内容栏中的大数据量的表格，简化为如图 4-10 所示的曲线图，就是一个很好的实例。

顺便指出，科技人员应具备制作简单图形符号的能力。图 5-7 中的导弹、目标、波束、飞散区等，都应绘制成简明的示意图。不得随心所欲地以“▲”“●”等符号代替导弹、飞机。有个幻灯片竟把红五星作为导弹攻击的目标，须知红五星在新中国具有特殊含义，幻灯片的制作者连起码的政治敏感性都没有！

5.5 反复修改

尽管不同听讲者的技术水平不同，审美观点也不一样，但都有一个共同的审视需求——简明扼要。所以，演示文稿要反复修改，精益求精。

如何修改？如图 5-8 所示，修改工作应从两个方面入手：一是整体修改，确保纲目清晰、前后连贯、格调和谐；二是单幅修改，删除可有可无的内容，确保用词精练、语句通顺、图表自明。当然，还应做艺术性修饰，使幅面简洁美观。

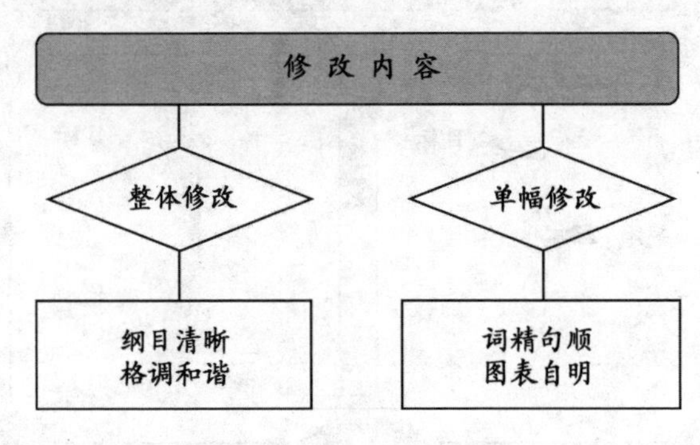

图 5-8　修改方法示意图

下面举一个例子，说明如何修改单幅幻灯片。

图 5-9 是一幅阐述“网络利用率”的幻灯片原稿。内容栏中有三段文字：第一段阐述网络利用率的影响，含两个条目；第二段阐述网络利用率的设置，也是两个条目；第三段阐述网络利用率的调整，仅一个条目，这是不合适的。三个分段的引入语编排杂乱，字数分别为 23 字、13 字和 31 字，差异很大，而且引入语形式各不相同：第一段采用带冒号的列项引入语；第二段采用连句式列项引入语；第三段采用独立句式作为引入语。语法混乱，文理不清。另外，三个分段中的条目的文字不精练，字数不均衡，内容不清晰。在这个幻灯片中，乱用标点符号的现象十分严重：第一段两个条目末尾均为分号；第二段两个条目末尾分别用了逗号与句号；第三段条目末尾没有标点符号。太随心所欲！

再者，这个幻灯片的文字板块的下方配置了莫名其妙的彩色图案，红、黄、蓝、绿、黑五种色彩拼凑在一起（注：图 5-9 未配色），不伦不类。

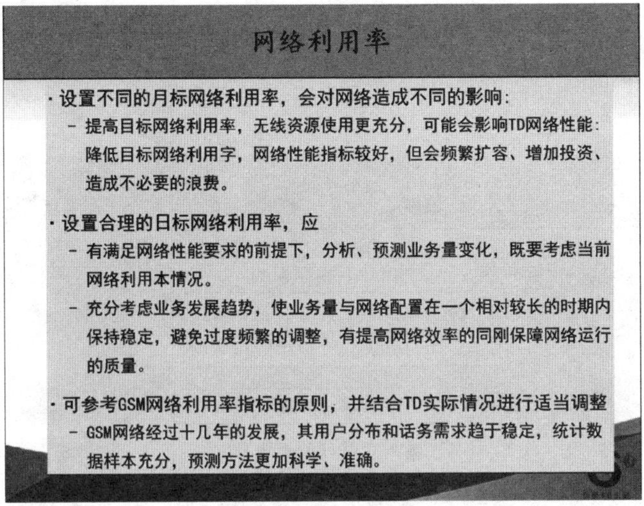

网络利用率

· 设置不同的月标网络利用率，会对网络造成不同的影响：
  - 提高目标网络利用率，无线资源使用更充分，可能会影响TD网络性能；降低目标网络利用字，网络性能指标较好，但会频繁扩容、增加投资、造成不必要的浪费。
· 设置合理的日标网络利用率，应
  - 有满足网络性能要求的前提下，分析、预测业务量变化，既要考虑当前网络利用本情况。
  - 充分考虑业务发展趋势，使业务量与网络配置在一个相对较长的时期内保持稳定，避免过度频繁的调整，有提高网络效率的同刚保障网络运行的质量。
· 可参考GSM网络利用率指标的原则，并结合TD实际情况进行适当调整
  - GSM网络经过十几年的发展，其用户分布和话务需求趋于稳定，统计数据样本充分，预测方法更加科学、准确。

图 5-9　“网络利用率”幻灯片原稿

不论是技术内容编排，还是艺术性制作，这幅幻灯片都是不合格的，不能用作演示文稿。必须从版面、内容、文字等方面，对图5-9所示的幻灯片作彻底修改。

图 5-10 是图 5-9 的修改稿。图 5-10 在视觉上有了很大改观，是一幅多数听讲者能够接受的幻灯片。图 5-10 的内容栏中有三个单元，分别阐述网络利用率的影响、设置和调整，标题采用排比结构，都是七个字，清晰明了。每个单元中都设两个条目，各自也采用了排比形式，便于阅读。

当然，只有更好的演示文稿，没有十全十美的演示文稿。图5-10所示的幻灯片还可以进一步改进。例如，将三个单元的标题框施加底色，标题中的“影响”“设置”“调整”采用配色字体等，有助于进一步提高幅面的清晰度，突出技术要点。

必须说明，完成图 5-9 到图 5-10 修改工作的编辑人员并不从事网络利用率专题研究，专业用语不一定准确。但就幻灯片技术内容编排质量而言，编辑人员比从事网络利用率专题研究的科技

人员更胜一筹。当然，既熟悉网络利用率知识，又懂得演示文稿编制技巧的科技人员，一定能编排出更优秀的关于网络利用率的演示文稿。

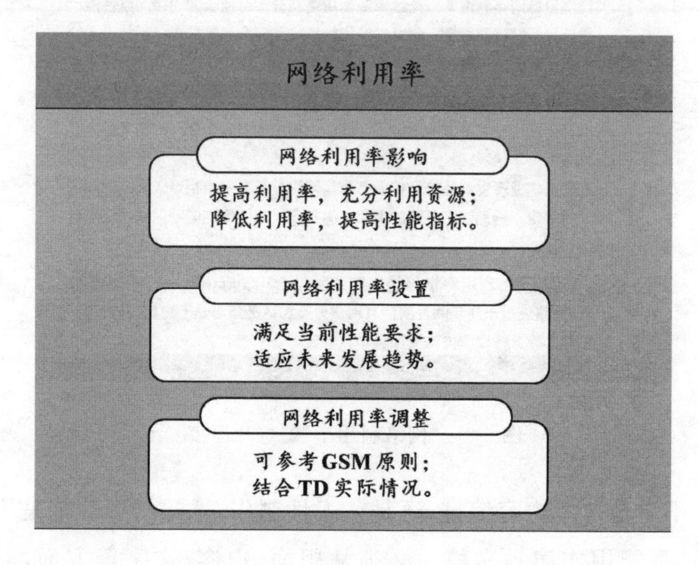

图 5-10 “网络利用率”幻灯片修改稿

“成稿三二一”是提高科技文献编撰质量的基本方法[6]：“初稿写成改三遍，搁置之后改两遍，定稿之前读一遍。”对编制演示文稿而言，搁置之后的修改工作尤为重要。滞后修改可以克服演示文稿制作者的视觉和思维惰性，能够发现更多的问题，进行更合理的修改。当前，科研单位任务繁重，工作量很大，有些科技人员今晚加班加点制作演示文稿，明晨急急忙忙做汇报演讲。在这种情况下，很难给听讲人呈现优秀演示文稿和出彩的科技演讲。

第6章　注意事项

本章阐述编排科技演示文稿的一些注意事项，涉及应用场合、受众对象、课时限制、简明原则、视觉效果、幅面平衡、动画运用、字母编写、关联方式、可演讲性等方面。

6.1　应用场合

科技汇报类演示文稿用于科技评审、学术交流和技术沟通。不同场合，对演示文稿的编排要求也不同。所以，首先要明确“为什么要制作这个演示文稿”。

图6-1表达了不同应用场合对演示文稿的编排要求。通常，科技汇报面对专家学者，应采用精致型演示文稿；学术交流面对同行科技人员，可采用简明型演示文稿；技术沟通是同事间的工作协调，只需采用简易型演示文稿，不必太讲究。

简易型、简明型和精致型演示文稿之间，并无严格的界限。简易型演示文稿应纲目清晰，文、式、图、表正确无误，足以进行技术沟通。简明型演示文稿应在简易型的基础上，实现文字提纲化，图表简明化，并作适当的艺术加工，足以登上一般学术交流会的大雅之堂。精致型演示文稿是对简明型演示文稿作精细艺术加工的结果，适应科技评审会高层次专家学者或重大学术交流会高级科技人员的审视需求。但是，不应该过分追求精致，浪费大量时间作艺术性处理；也不应该喧宾夺主，让豪华的外表掩盖技术内容的光辉;更不应该利用华丽的外衣掩饰技术内容的不足。与“内容简明”相比,“幅面精美”永远是次要的。技术内容是演示文稿的红花,艺术性修饰只是绿叶而已,要“绿叶映红花”,避免“绿叶隐红花”。

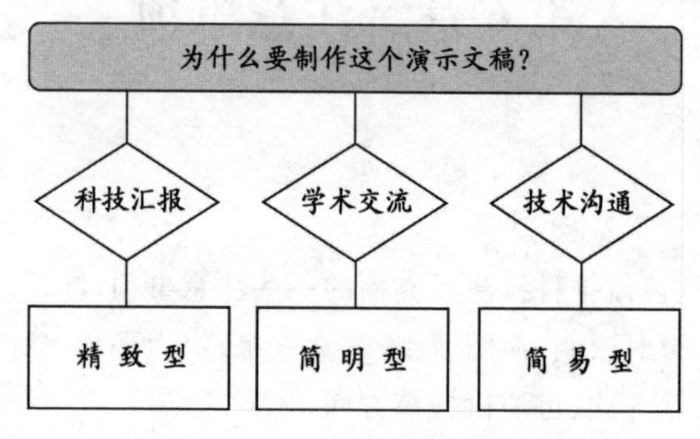

图 6-1 科技汇报类演示文稿的应用场合

例如,图 6-2 所示的“方案论证工作的 PDCA 循环”幻灯片,是一幅简明型幻灯片。这幅幻灯片显示了方案论证的五个阶段:调查研究、方案设想、风险验证、论证报告、方案评审。完成前一阶段的 PDCA 循环后,可进入后一阶段的 PDCA 循环。图中,还以风险验证阶段为例,给出了 PDCA 的实施内容,清晰简明。其实,“方案论证工作的 PDCA 循环”幻灯片共有五幅,分别显示调查研究、方案设想、风险验证、论证报告、方案评审阶段的策划(P)、实施(D)、检查(C)、处置(A)的具体工作内容。图 6-2 只是其中的一幅。当然,也可以在同一幅幻灯片中,先后将五个阶段相应的 PDCA 内容闪现出来。闪现一个,解释一个。由于各个阶段的 PDCA 循环的讲解内容比较多,闪现的速率较低,不可能造成眼花缭乱的感觉。

简明型演示文稿可以应用于各种场合。图 6-2 所示的幻灯片,稍作艺术加工,就是一幅精致型幻灯片。

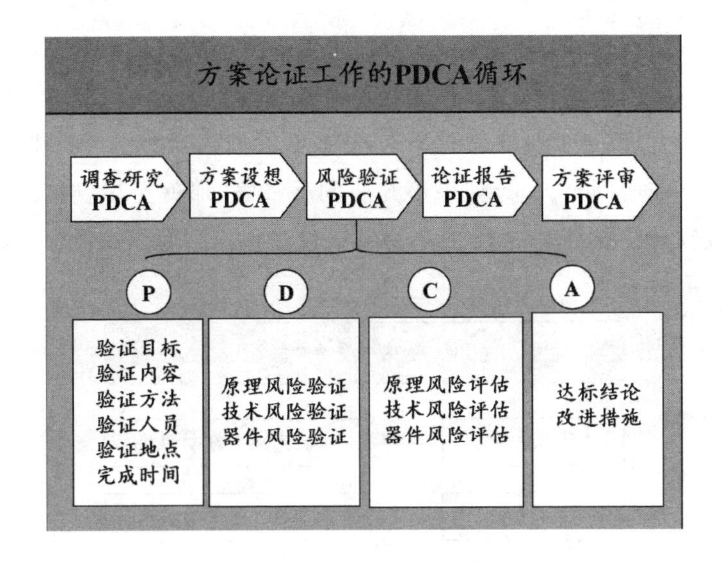

图 6-2　“方案论证工作的 PDCA 循环”幻灯片

要重视科技汇报、学术交流和技术沟通工作，把编排科技 PPT 演示文稿的能力当作一种科研素养去培养。不要放过每个编制科技演示文稿的机会，不断提高编制科技演示文稿的能力。作为科技人才，不仅要会干，还要会写、会讲。干活十分出色的科技人员，如果既不会编写科技文献，又不会编制科技演示文稿，也不会做科技演讲，那是一件很遗憾，更是很可惜的事情！

6.2　受众对象

编排科技 PPT 演示文稿时，要注意受众对象，就是明确“谁来看这个演示文稿”。

针对不同受众对象，图 6-3 给出了编排科技汇报类演示文稿内容的注意事项：对于行政主管，主要编排研究项目的工程意义和研制程序；对于技术主管，主要编排基本原理和关键技术；对于评审专家，主要编排简要原理和创新技术。千万注意：别给行政领导介绍繁杂的技术内容；别给技术专家介绍过多的基础知识。有一次，上级行政领导到某单位了解一个重大科研项目的研制情况，汇报人以科研管理为主线，做了详尽介绍。事后，领导却说“难道我们不懂管理，还要他来教！”原来，行政领导们要了解项目的技术内容。答非所问是大忌，如果不知所问就乱答，那就更糟糕！现在，行政领导往往都是技术专家，必须搞清楚他们到底想知道什么，才能有的放矢。

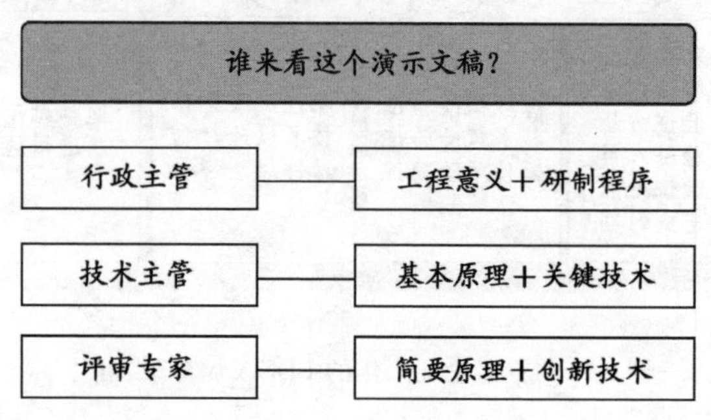

图 6-3 科技汇报的受众对象与演示要点

图 6-4 提出了学术交流类演示文稿与听众业务水平的适应性问题。对于初级科技人员，主要编排基础知识和基本概念；对于中级科技人员，主要编排关键技术和技术途径；对于高级科技人员，主要编排创新技术和研究方向。

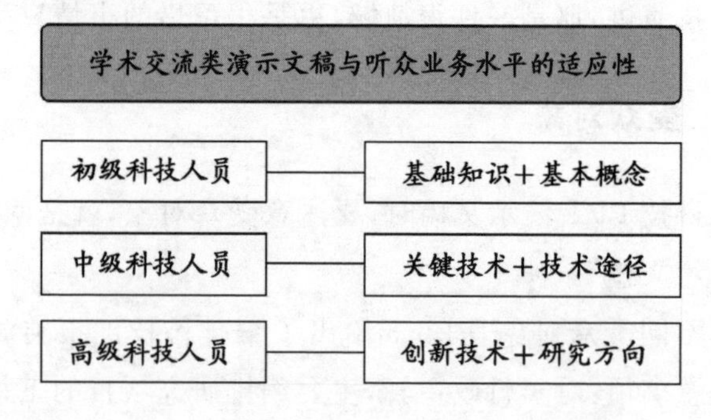

图 6-4 学术交流类演示文稿与听众业务水平的适应性

对于一些涉面较广的跨系统的学术交流活动，演讲者不仅要展示自己的科研成果，还要折射出本单位、本系统的学术水平，必须慎重对待。

总之，对于不同的受众对象，科技汇报类或学术交流类演示文稿的编排内容有很大区别。同一原始文稿，应针对不同听众群体，准备相应的演示文稿。不能以不变应万变，用固定不变的演示文稿去应付不同类型、不同层次的听讲人员。

不论针对什么样的听众，也不论听众的技术水平如何，编写演讲文稿和编排演示文稿都必须深入浅出，通俗易懂。所谓“深入”，就是要紧紧围绕命题的核心内容，特别是创新内容，进行深入探讨。所谓“通俗”，就是用简明、清晰、易懂的语言进行表述。演讲应尽可能口语化，避免使用诸如“如前所述，……”“此图说明，……”“由该表可见，……”之类的科技语体式话语。采用这些话语，讲起来不顺畅，听起来别扭。

在汇报与交流过程中，演讲者是否需要与听众进行互动？应该根据演讲者的掌控能力做出合理安排。如果掌控能力较差，一般不宜进行互动。一方面不易掌握互动场面，另一方面也难以控制演讲时间。在演讲结束后，安排一些时间进行互动，是一种较好的选择。

6.3　课时限制

演讲时间决定于演讲文稿长度和演讲速度。

演讲速度可以用讲解过程中幻灯片的平均切换速率表示：汇报类演讲以告知为主，只作必要解释，平均每分钟切换两三幅幻灯片；授课类演讲以讲解为主，需作较多解释，平均每分钟讲一两幅幻灯片。如图 6-5 所示。

除了演讲类型和演讲语速之外，切换速率还与其他因素有关：是否需要与听众互动；是否需要作补充说明；是否即时回答听众提问等。对于讲解时间较长的学术报告，采用“正文＋附录”形式的演示文稿，可以灵活地控制演讲时间。如果讲解过程中没有互动，也没有现场提问，则在演讲正文后，再讲附录，确保在预定时间内完成演讲。如果有互动、有提问，耗费了一些时间，则不讲附录，同样可以确保演讲时间。显然，附录的讲解时间，就是整个演讲的机动时间。

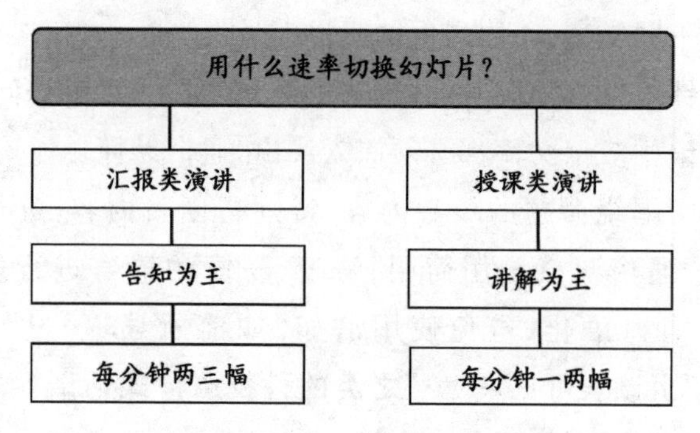

图 6-5　科技演示文稿的讲解速度

初演讲者，往往难以控制演讲时间，这是正常的。解决这一问题的办法是严格按照演讲文稿讲解。可仿照连环画的配文方法，每页 A4 纸上打印三幅幻灯片，在右侧自动生成的空格内填写相应的演讲文稿，如图 6-6 所示。

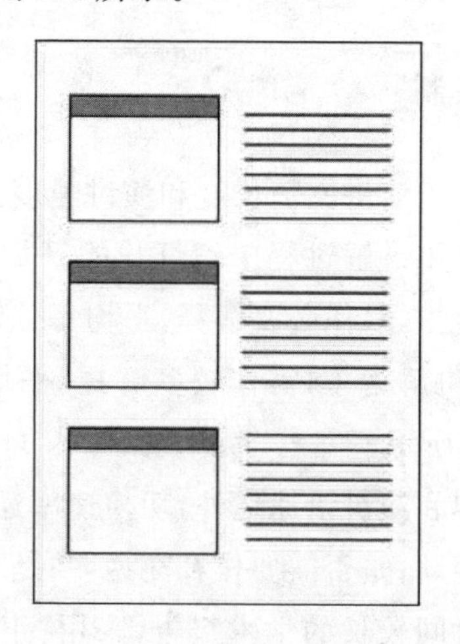

图 6-6　演示文稿与演讲文稿

当然，也可以在电脑上给每幅幻灯片配置只读演讲文稿，这些文字不会投影到汇报现场的显示屏上。

必须指出：编制演示文稿就是为演讲文稿配置幻灯片，应确保“演示文稿是演讲文稿的精华”；科技汇报就是讲解演示文稿，要用简明扼要、通俗易懂的语言讲清楚每幅幻灯片。语句简短、直白明了，是科技汇报演讲的基本特征。

然后，在熟记演讲文稿的基础上，按照演讲者的习惯语速，脱稿讲解演示文稿，检验讲解时间是否满足课时要求。如果时间差异不大，可适当调整语速控制演讲进度。如果时间差异较大，就应调整演示文稿的内容，使演讲时间接近预定时间。

一个经常“拖堂”的老师，肯定不会受到学生青睐。一个既不精彩又超时的演讲，也不会受到听众褒奖。精确控制演讲时间，是一门技巧。演讲者要善于驾驭演讲速度，使演讲时间满足既定要求。

6.4　简明原则

在演示文稿编排原则中，阐述了演示文稿必须“一目了然”的简明原则。这里介绍如何实现每幅幻灯片的简明性。

实际讲解时，幻灯片的阅读人员是听众。要让听众在听讲之初或听讲过程中，快速浏览幻灯片的字符。如果幻灯片的阅读时间大于幻灯片讲解时间，听众还没有看完，讲解人就翻页了，显示幻灯片还有什么意义呢？

编制人员在编排每幅幻灯片之后应做两项统计：一、阅读幻灯片中的所有字符，统计阅读时间；二、以演讲速度讲解同一幅幻灯片，统计讲解时间。如果阅读时间小于讲解时间，那么认为这幅幻灯片满足简明要求。当然，通过计算演讲文稿字符数与相应演示文稿字符数之比，也可以判断是否满足简明性。比值越大，则幻灯片越简明。

精简是编排科技演示文稿技术内容的最高境界。一幅既不

“精”又不“简”的幻灯片，不可能一目了然。图 6-7 表明了确保幻灯片幅面简明性的措施：一要事理清晰，二要简明扼要。

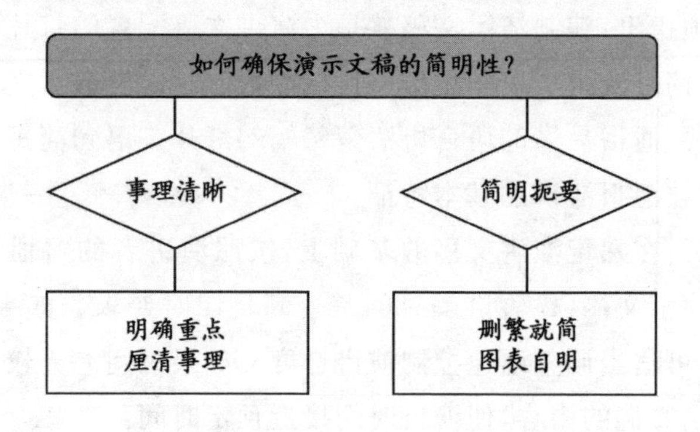

图 6-7　确保幻灯片幅面简明性的措施

要做到事理清晰，首先应根据幻灯片的标题，明确内容栏中应编排的重点内容，厘清该重点内容的事理逻辑。如果幻灯片的内容栏偏离了阐述要点，而且事理混乱、因果不清，那么演讲就会偏题，越讲越糟。

要做到简明扼要，不仅要删繁就简，还要使图表具有自明性。不同于课件类演示文稿，在科技汇报类演示文稿中，应该把长句或大段文字归纳成简明术语或科技短语的巧妙组合，给人以清晰明了的感觉。科技演示文稿中的图表，也要充分简化。难以讲解的图表，不要纳入演示文稿。

不妨回顾一个实例。4.6 节中图 4-8 关于“科技论文写作概要”幻灯片中，只有 10 个汉字，重点突出，清晰明了。相应的讲稿约 80 字，演讲文稿字符数是幻灯片字符数的 8 倍，符合阅读时间小于讲解时间的简明原则。

再回顾一个实例。5.3 节中图 5-5 关于“科技论文写作的 PDCA 控制”的演示文稿是一幅流程图，共有 70 字，相应的讲稿约 325 字，演讲文稿字符数是幻灯片字符数的 4 倍多。不仅满足阅读时间小于演讲时间的要求，而且浏览流程图比阅读大段文字要容易得多,完全符合简明原则。

当然,对于题名页、目录页、转场页、结束页等简洁的宣读型演示文稿,尽管幅面的字符数与相应讲稿的字符数基本相当,仍然不失简明性。

演示文稿的编排者,不要老是想着自己要展示什么、表达什么。应多想一想听众能看清什么,理解什么,记住什么。只有简明扼要的演示文稿,听众才能看得清、看得懂、记得住。不论是科技汇报、科技交流,还是技术沟通,简明扼要的演示文稿将会起到事半功倍的作用。

6.5 视觉效果

有些演讲者一丝不苟地编写演讲文稿,认认真真地编制演示文稿,尽心尽力地演讲,但总是收不到预期的效果。听众往往不知所云,听得很累,这是为什么?

导致听众越听越累的诱因有三种:一是内容不通俗,难以理解,导致大脑疲劳;二是演讲人乡音太重,难以听懂,导致听觉疲劳;三是演示文稿不简明,看不明白,导致视觉疲劳。一旦大脑、听觉、视觉都疲劳了,怎么听讲?不累才奇怪呢!

4.3节中的图4-5给出一组编排质量很差,且满篇红彤彤的幻灯片(注:图4-5未配色,原稿的标题栏为红底白字,内容栏为白底红字)。对于这种演示文稿,听讲人的第一感觉是迷茫,然后是烦躁,接下来是恼怒。面对喋喋不休的演讲,只能一睡了之,如图6-8所示。如果允许听讲者可以中途退场的话,估计大部分听众要逃离现场。当然,有些培训讲座是不允许中途退场的,也就剥夺了听讲人对那些拙劣演讲表示抗议的权利。

只有编制出技术内容精辟、幅面悦目醒脑的演示文稿,才能有效避免视觉疲劳。

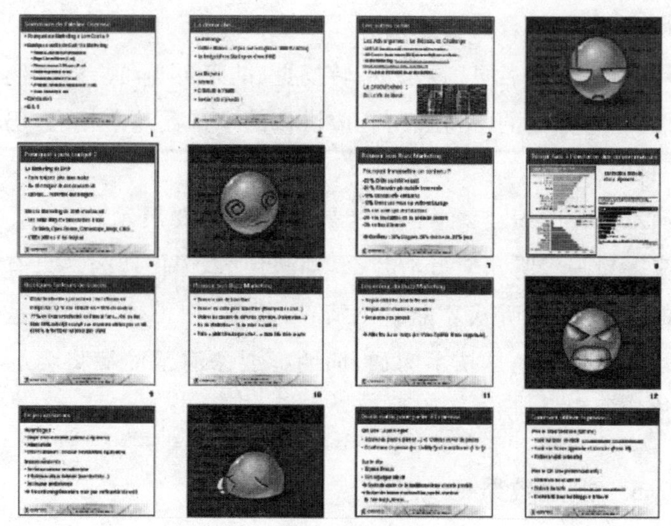

图 6-8 视觉疲劳的后果

图 6-9 中列出了避免视觉疲劳的几种常用措施:

——注意布局,要整体明,局部清,不要主次不分;

——注意编排,要重和谐,求变化,不要千篇一律;

——注意密度,要匀疏密,不饱和,不要密不透风;

——注意形态,要整体美,不怪异,不要杂乱无章;

——注意色彩,要分层次,不凌乱,不要跳跃突变;

——注意字符,要定字体,定字号,不要随意变化。

对于科技演示文稿的编制新手而言,要落实这些措施并不容易。但必须迎难而上,切勿望而生畏,知难而退!

编制科技演示文稿,如同绘制相关专题技术的连环画。如果每幅幻灯片的内容架构、技术编排都很简明,图形、色彩都很精美,何惧观看者产生视觉疲劳呢!

顺便讨论一下汉字的视觉效果问题。宋体汉字具有极佳视觉效果,在各种图书、期刊和文件中,除标题外都采用宋体编排。在科技演示文稿中,汉字的常见字体有宋体、楷体和黑体。

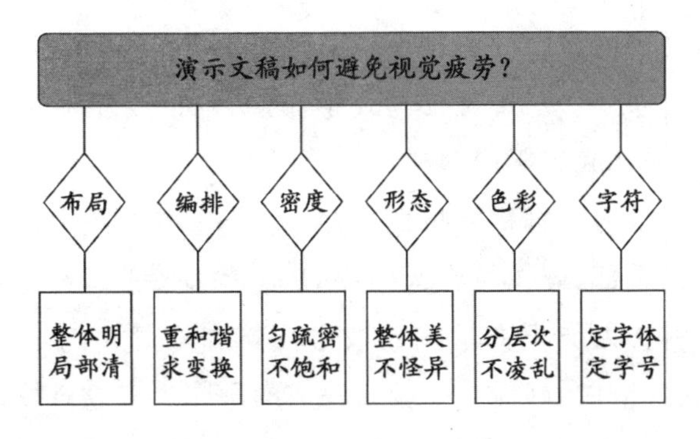

图 6-9　避免视觉疲劳的措施

本书列举的幻灯片中的汉字都是楷体。为求得统一，书中除幻灯片外的插图也采用楷体汉字编排。

6.6　幅面平衡

科技演示文稿的幅面，不仅要简明清晰，还应讲究布局平衡。

为了实现演示文稿幅面平衡，通常采用三种布局方式：居中布局、对称布局和稳定布局。如图 6-10 所示。

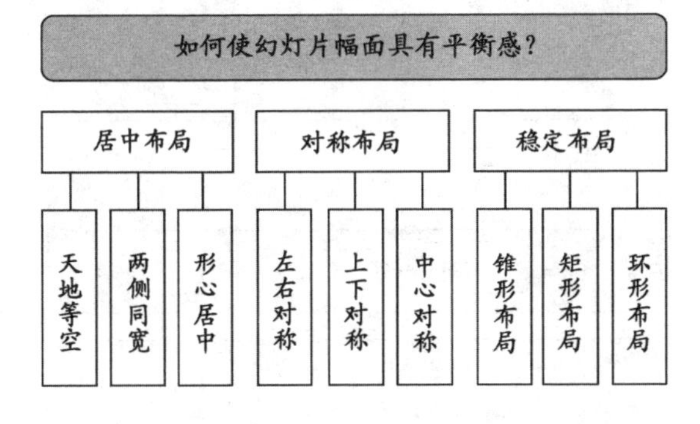

图 6-10　演示文稿内容栏的平衡布局

演示文稿内容栏中的编排板块应该居中布局：天地等空、两侧同宽、形心居中。

如果演示文稿内容栏是一幅简图，应尽可能采用对称布局：左右对称、上下对称或中心对称。若不是对称图形，应居中布局。

演示文稿内容栏的编排板块应采用稳定布局：矩形布局、锥形布局或环形布局。对于锥形与环形布局，锥顶或环顶置于内容栏上方，锥底或环底置于内容栏下方。

有些科技人员把稀稀拉拉的几行文字或几个图案放置在幻灯片内容栏的顶部，好像吊在天空中，脚下空空荡荡，怎么也看不顺眼。有些科技人员把方框图或波形图挤在幻灯片内容栏的角落里，留下大片空白，好像是一幅未完成的画作。多数科技人员尽管没有接受过绘画训练，但都学过画法几何和机械制图，不至于连图形布局的概念都没有吧！

除了注重布局方式之外，还应注意信号的流向问题。原则上应采用自左至右的顺向编排。图 6-11 中，给出了信号按序流经 A、B、C、D、E、F 六个模块的三种编排形式：上面的条框中，A、B、C 为顺向编排，D、E、F 为逆向编排，是一种错误布局；中间的条框中，信号流向采用"Z 字形"编排，也是不可取的；下面的条框中，信号流向采用单一顺向编排，是正确的。

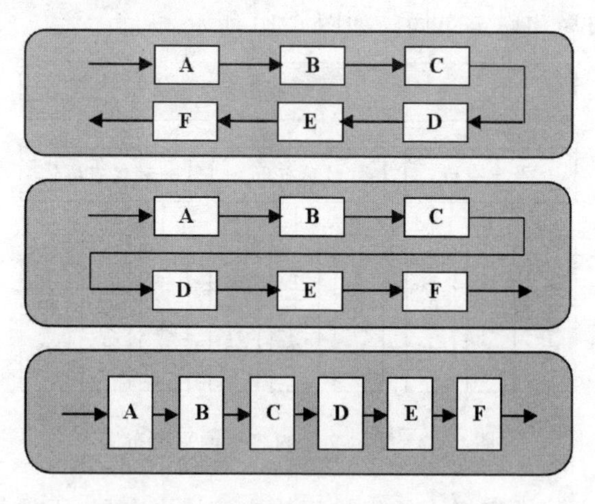

图 6-11 关于信号流向的布局形式

在绘制方框图时，除了反馈网络外，功能框也应按照信息流的方向自左至右按序编排。

此外，对于有前后或头尾之别的图形，要讲究它的排列方向，以求得整个页面的平衡。在横排版的页面中，文字是自左至右编排的，行首在页面的左端，行尾在页面的右端。演示文稿中的图形的前端或头部也应该编排在幻灯片内容栏的左侧，图形的后端或尾部应编排在内容栏的右侧。这样，演示文稿图形布局与页面的文字布局就有了一致性，符合常规的阅读习惯。

平衡布局涉面较广，演示文稿制作者应在实践中不断总结经验，逐步提高编制质量。

6.7 动画运用

在一个科研项目的结题评审会上，看到了一个别出心裁的演示文稿。不仅构成每幅幻灯片的元素一个接一个地依次闪入画面，演讲的句子也是一句接一句地闪现出来。演讲者津津有味，评委们眼花缭乱，汇报效果极差。这是乱用动画导致的不良后果。

在广告类演示文稿中，为了渲染形象生动的氛围，将会运用大量动画。目前，科技演示文稿中的动画越来越多。遗憾的是，动画制作者的美术功底比较差，制作的动画往往不伦不类，似是而非。说实话，按照一般科技人员的美术功底，不可能将编制广告类演示文稿的动画技巧移植到科技演示文稿的编制工作中。

对于那些简明的科技演示文稿，原则上不必编排过多的动画。动画太多，就会影响一目了然。当然，也不能一概禁用动画。图6-12给出了如何正确使用动画的一些意见。

一般不提倡采用闪现型动画与强调型动画。图形进进出出，不仅破坏了幅面的整体感，还干扰了听讲者的视觉。如果要强调幅面中某一功能块的重要性，可以通过施加色彩等方法解决。当然，如果幅面中某个局部的闪现速率较低，有充足的解读时间，那么采用闪现型动画也未尝不可。

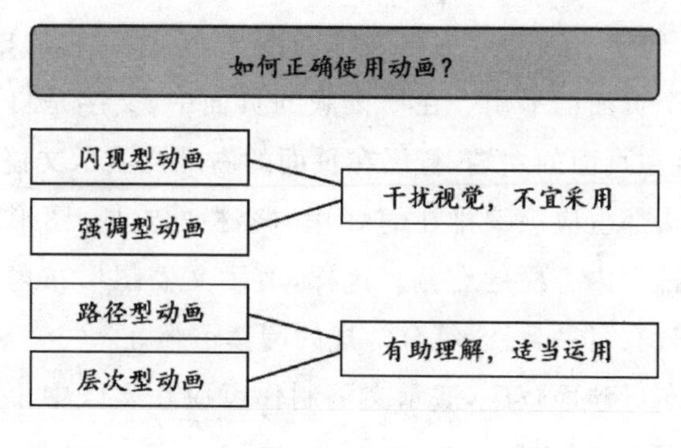

图 6-12　动画运用

科技演示文稿中，可以适当运用路径型或层次型动画。路径型动画用来表示某种工作流程，即用箭头按程序链接各个模块。层次型动画用来表示装配或叠加效果。图 6-13 为两维分辨动画的分层图。

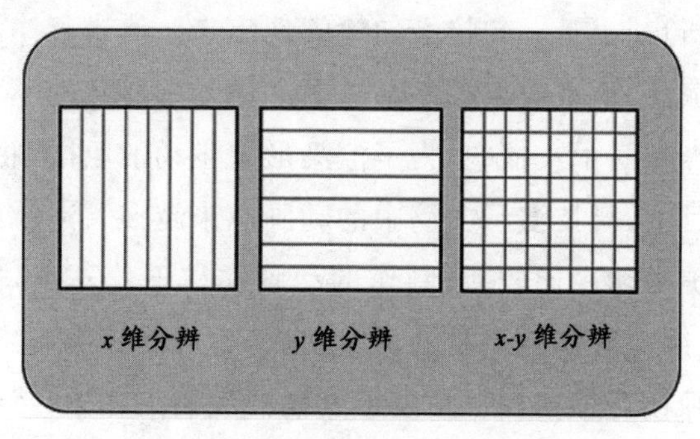

图 6-13　两维分辨动画的分层图

图 6-13 中，左边与中间的图形分别表示 x 维分辨与 y 维分辨，将两图叠放到一起，即获得 $x-y$ 两维分辨图。即使不用动画，直接将图 6-13 编排到幻灯片的内容栏中，并配备合适的演讲文稿，也能描述两维分辨问题。当然，用动画可以更清晰地表达两维分辨的基本原理。

对于一些复杂的结构装配图，讲解其装配关系是比较困难的。用动画演示装配过程，可获得更好的表达效果。

总之，动画应使演示文稿变得更简明，更易懂，更便于记忆。倘若动画会导致额外的繁琐感，那就坚决不用。

6.8　字母编写

科技演示文稿中，字母是必不可少的。图6-14中列出了规范编写外文字母的基本要求——“六思而行写字母”。“六思而行”，就能得心应手。否则，就会寸步难行。

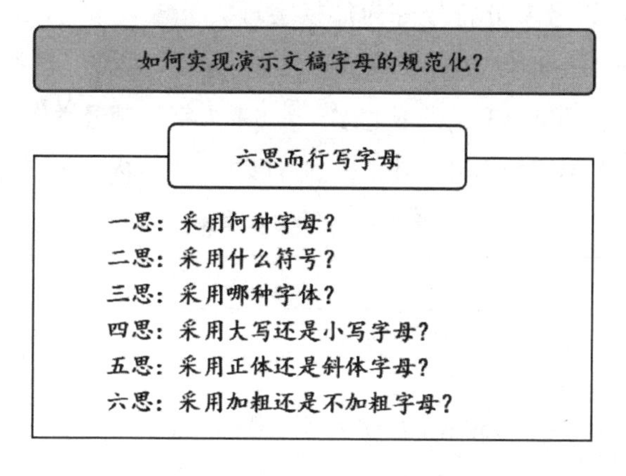

图6-14　规范编写字母

下面简要介绍“六思而行写字母”的主要内容。

一思：采用何种字母？在科技演示文稿中，必须采用拉丁文字母与希腊文字母。

二思：采用什么符号？在科技演示文稿中，必须采用国家标准规定的物理量符号和计量单位符号。

三思：采用哪种字体？西文字体种类繁多，但应注意不要被汉字字体同化，出现所谓宋体字母、楷体字母之类的另类编排。科技文献中的西文字母多数采用新罗马体，本书也是如此。

四思：采用大写还是小写字母？量纲符号、源于人名的单位符号的首字母、化学元素首字母、兆(M)以上的词头符号、表示代号的字母、外文缩写符号等为大写字母。非源于人名的单位符号、千(k)以下的词头符号等为小写。

五思:采用正体还是斜体字母？计量单位符号、词头符号、量纲符号、固定定义函数符号、化学元素符号、外文缩写符号等均为正体。物理量符号、表示可变数的字母、一般函数符号、几何图形的字母等都为斜体。

六思:采用加粗还是不加粗字母？矢量、张量、矩阵符号、特殊数集符号、矢量微分符号等为加粗字母。

遗憾的是,难以寻觅字母正确无误的演示文稿。有些演示文稿中,编排错误的字母有七八成之多。表 6-1 为字母勘误举例。表中列出了 16 种错误编写的字母及其正确书写形式。更多内容可参阅文献[6]。

表 6-1 字母勘误举例

序号	名称	错误写法	正确形式
1	长度的量纲	L	L
2	长度的量符号	l	l
3	速度的量符号	V	v
4	角速度的量符号	W	ω
5	噪声系数的量符号	N_f	F_{n}
6	信噪比的量符号	$\mathrm{S/N}$	S/N
7	雷达散射截面的量符号	RCS	σ
8	马赫数的量符号	Ma	Ma
9	米的单位符号	M	m
10	微伏的单位符号	uV	$\mu\mathrm{V}$
11	千克的单位符号	Kg	kg
12	圆周率	π	$\mathrm{\pi}$
13	自然对数的底	e	e
14	虚数符号	j	j
15	反正切函数符号	$\mathrm{tg}^{-1}x$	$\arctan x$
16	一般函数	$\mathrm{f}(t)$	$f(t)$

必须指出，有些错误似乎是编排问题，其实是概念差错！例如把“马赫数”写成“Ma”，且将其作为速度的单位符号，就是一个概念错误。此外，物理量符号应避免中西混搭，不得采用汉字或汉语拼音字母作为量符号的下标。

6.9　关联方式

演示文稿中，相互关联的多个因素，可采用并列型关联、渐进型关联、放射型关联、循环型关联等多种关联方式。关联维数有多有少，如二重关联、三重关联、四重关联、五重关联等。图 6-15 到图 6-18 给出了四种不同的关联布局，可按需选用。

图 6-15 为二重并列式关联，图 6-16 为三重渐进式关联，图 6-17为四重放射式关联，图 6-18 为五重循环式关联。这些关联方式也可以扩充成组合式关联。

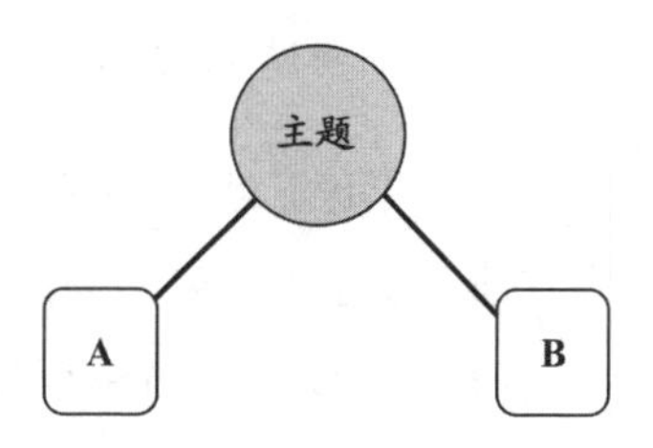

图 6-15　二重并列式关联

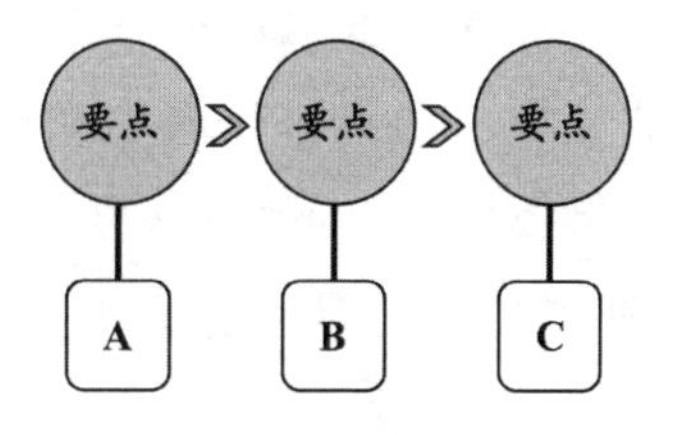

图 6-16　三重渐进式关联

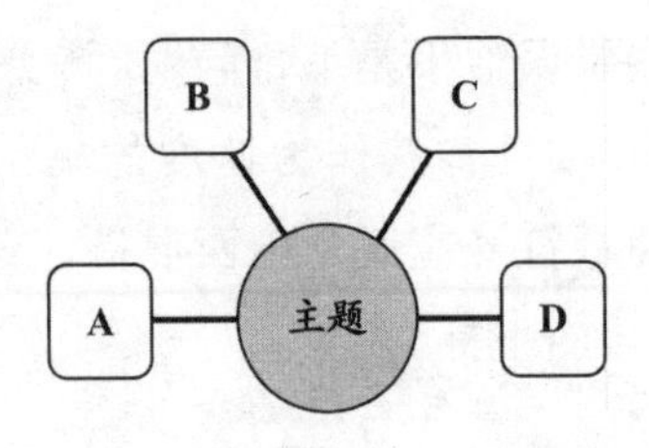

图 6-17　四重放射式关联

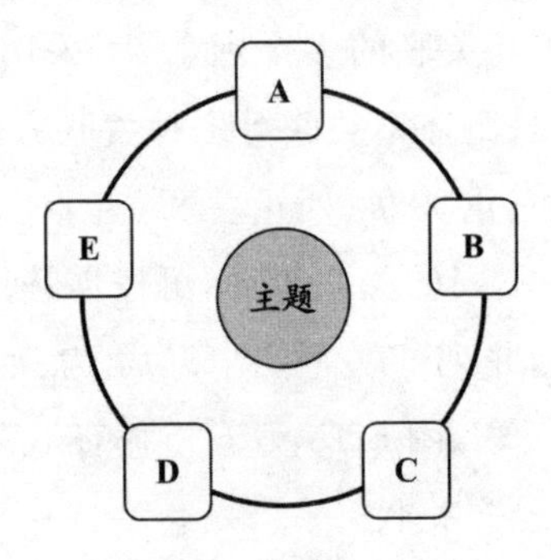

图 6-18　五重循环式关联

各种关联方式还可以从网上下载。必须注意，采用他人的演示文稿模板时，应该取其所长，为己所用。如果拷贝的模板与自己编排的演示文稿版本不合群，那么再好的模板看起来也十分别扭。鹤立鸡群，反衬出演示文稿整体水平的低下，弄巧成拙！

不仅网上有大量关于 PPT 的教程，市面上也有许多关于 PPT 的讲座。要正确理解那些教程或讲座的核心意涵，不要片面强调幅面的美化与动画的应用。编制科技演示文稿，一定要重视技术内容的合理编排。如果技术内容不清晰，再漂亮的幅面，再多的动画，也于事无补。有些科技人员毫无选择地到处听，到处学，越学越不对劲，有点走火入魔了。

听讲人通常只对科技演示文稿的技术内容感兴趣，并不关心幅面的艺术性修饰。科技汇报类演示文稿的页数较少，演讲时间很短，要把编制演示文稿的精力集中到科技精华和创新技术的编排上，才符合编制科技汇报类演示文稿的初衷，起到强力指点的作用。

如前所述，科技概念清晰、总结能力较强、有一定美术功底的科技人员，可以编制出高质量的演示文稿。只有不断提高科技人员的科学、文学、美学素养，才能逐步提升演示文稿的编制质量，别无他途。

6.10　可演讲性

可演讲演示文稿的基本特征：一是纲目清晰；二是简明通俗。纲目清晰问题已在 4.1 节和 5.2 节作了介绍，这里不再重复。本节主要讨论演示文稿幅面的简明通俗问题。

鉴别演示文稿是否简明通俗，方法十分简单。把演示文稿显示成图 6-19 那样的浏览图，尽管每幅幻灯片的字符与图形都很小，看不清它的“尊容”，但一眼就可以看出演示文稿是否简明通俗。

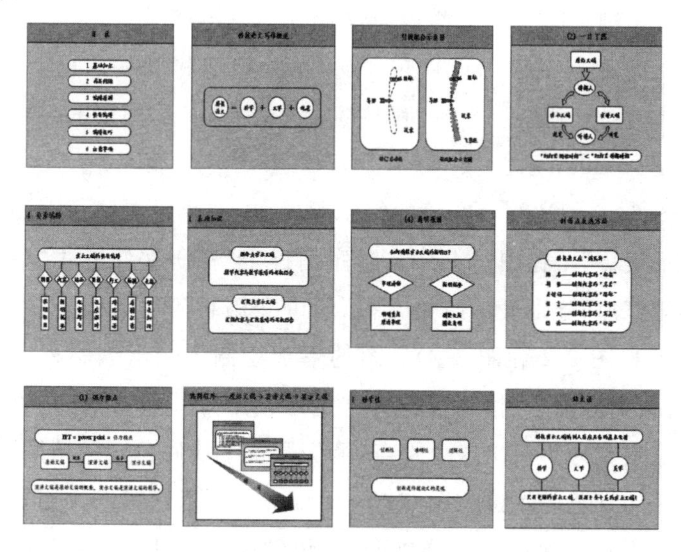

图 6-19　演示文稿的浏览图

如果每幅幻灯片的字符和图形疏密得当、简单明了，而且不存在大段文字和复杂图表,那么这个演示文稿不仅具有观赏性,也肯定具有简明通俗的特性。

图6-19不是某个科技演示文稿的连贯浏览图,而是从本书的插图中选择的12幅幻灯片,供参考。读者可以参阅本书第8章中的三个实例,就能理解可演讲演示文稿的基本形式了。也许有人会讲,整个演示文稿都要编排成图6-19那样的幅面,可能吗?事在人为!笔者先后开设了十多种讲座,编制了千余幅科技幻灯片,都具有本书插图和示例所示的幻灯片形式。

可演讲性是演示文稿的重要特性。对于优秀的演示文稿,只要演讲文稿也是到位的,那么科技演讲就有了很好的基础。不妨再看一看4.3节中的图4-5所示的浏览图,所有演示文稿都是“文字当家”,挤得满满的。这种演示文稿是抄写出来的,不是设计出来的,既没有观赏性,也没有可演讲性。图6-19中幻灯片的风格与图4-5完全不同,不仅引人注目,也会提升听讲兴趣。

对于浏览图中不合群的幻灯片,应该做可演讲性分析。图6-19底行左侧第二个幻灯片布局比较密集,应将其展示出来,看看是否具有可演讲性。它是“科技演示文稿编制”讲座中的一幅幻灯片,如图6-20所示。

图6-20阐述演示文稿的编制程序——“原始文稿→演讲文稿→演示文稿”。在图的上部按顺序缩排了“科研文件链式编审”的三幅幻灯片,分别表示原始文稿、演讲文稿和演示文稿(即本书中的图2-1、图2-2和图3-2)。图的下部绘制了表示编制程序的箭头,箭头中标出了“精简”两字,这是这幅幻灯片核心,也是讲稿内容的重点。为了突出这个重点,箭头配置了浅底色,且“精简”两字以醒目的红色表示(注:图6-20未配色)。由于三幅缩排幻灯片已经在前面的讲座中作了详细介绍,讲解图6-20所示的幻灯片时,不必对它们作重复说明。讲解的重点是下部的箭头,在告诉听讲人“原始文稿→演讲文稿→演示文稿”是一个逐步精简的过程之

后，用最慢的语速、最重的语气强调："演讲文稿是原始文稿的概要，演示文稿是演讲文稿的精华。"尽管这是画外音，但必须突出这个编制原则。如有必要，可以复述这一原则，甚至可以使用"请注意……""必须记住……"等警示语。由此可见，这幅幻灯片具有可演讲性。这里要解释一个问题：既然"演讲文稿是原始文稿的概要，演示文稿是演讲文稿的精华"是这幅幻灯片的重点，为什么不把它编入内容栏呢？因为这个编制原则已在讲座前面的幻灯片中出现过了。在同一演示文稿中，反复出现同一内容，显得多余。用画外音强调这个要点，"此处无字胜有字"！

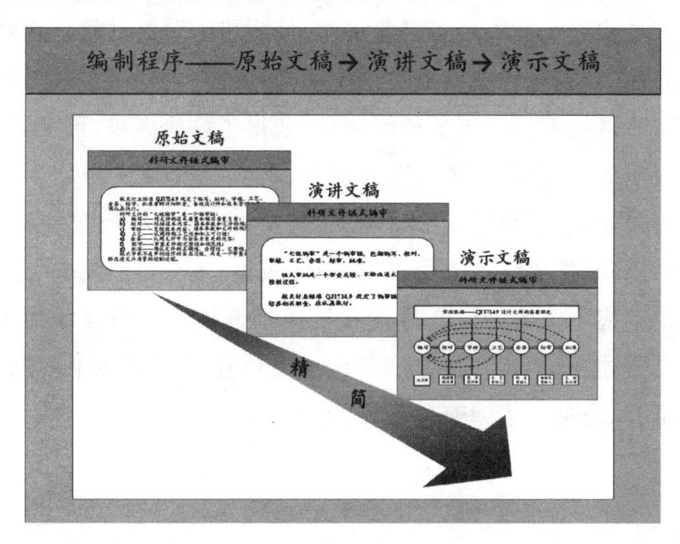

图 6-20 "编制程序——原始文稿→演讲文稿→演示文稿"幻灯片

当然，一套可演讲的幻灯片不一定具有良好的演讲效果。如前所述，一定要先编写演讲文稿，再制作演示文稿。实践中，出现两种截然相反的情况：有些科技人员，演讲文稿写得很好，演示文稿却编排得很差，"讲"比"示"好；有些科技人员，演讲文稿写得很差，演示文稿却编排得比较清晰，"示"比"讲"好。怎么才能使"讲""示"平衡呢？可行方法就是反复试讲，不断调整演讲文稿和演示文稿,淡化缺点,彰显优点,使“讲”“示”匹配,达到和谐境界。应该注意:演讲文稿是用来讲的,不是用来宣读的。要让听讲者感受到演讲者是在生动形象地讲解演示文稿,而不是在生硬死板地背诵演讲文稿。

有些科技汇报类演讲,貌似采用了简短的 PPT 演示文稿,然而演讲效果并不理想。探究其原因,主要有两点:一是“东施效颦”,尽管演讲者努力模仿优秀模板,冥思苦想地拼凑了提纲式、简图式或简表式演示文稿,但编排思路与事理逻辑的契合度很差,演示文稿似是而非,导致听讲人一知半解;二是“对牛弹琴”,把针对专业人员的演示文稿用于科普讲座,使听讲人莫名其妙。当然,最糟糕的是“东施碰到牛”,道者道不明,听者听不懂,演讲效果极差!

有些科技人员完成了科研项目,获得了科研成果,可就是做不好汇报演讲,为什么?主要存在两个问题:一是缺少秀才本色,行文能力差,不会从原始文稿中提炼概要,也不会从概要中提炼精华,并将其编排成演示文稿;二是口才较差,不会自然流畅、绘声绘色地讲解演示文稿。这些科技人员都是奋战在科研战线的干才,但不是秀才,也不具备口才。科技人员应在科研实践中不断提高科技素养,使自己成为兼备干才、秀才、口才的全能型科技人才。

第7章　编排质量

在科研单位中，多数科技演示文稿尚未作为归档资料。如何控制演示文稿的质量，还没有相关规范加以约束。如何评估演示文稿的优劣，也未见相应的标准给出明确的规定。

正因为没有编制规范和评估标准的制约，演示文稿编制工作处于不受控状态。一些科技人员往往采用不合理的方法编制演示文稿，他们或借用同事的老旧模板，或拷贝文档中的繁琐内容，或套用网络中的另类格式，编制的演示文稿不仅毫无特色，甚至连基本的表述都不清楚。科技人员面对编排质量低劣的演示文稿，见怪不怪，习以为常。如何提高科技演示文稿编制质量，是科研单位面临的重要课题。

科技汇报类演示文稿，不同于广告类演示文稿，质量控制的侧重点是科学性、逻辑性和简明性。基于这些基本要求，在本书的第3章介绍了科技演示文稿技术内容的编排原则：强力指点、一目了然和不讲勿示。本章将阐述科技演示文稿编排质量评估要点和编制过程的质量控制。

7.1　评估要点

原则上，可以把编排原则“强力指点、一目了然和不讲勿示”作为编排质量的评估要点。实际中，应该把这些原则具体化，以便对演示文稿给出明确务实的评估。

文献[2]给出了优秀 PPT 演示文稿应具备的七个要素:观点鲜明、逻辑清晰、言之有物、阅读友好、图文并茂、整洁美观、细节完美。借鉴这一评估方法,提出了优秀科技 PPT 演示文稿的七个评估要点:主题明确、纲目清晰、内容简明、行文精练、图表自明、循规蹈矩、细节完美。如图 7-1 所示。这七个评估要点实际上就是编制科技 PPT 演示文稿的七个重点:主题、纲目、内容、行文、图表、规则、细节。这是科技 PPT 演示文稿编制人员的主要工作内容。

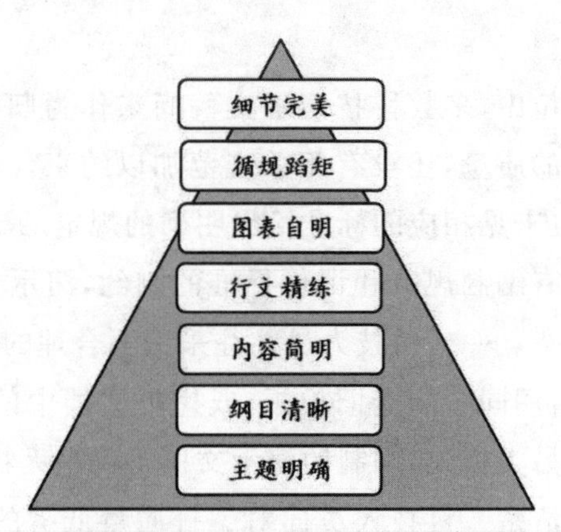

图 7-1　科技演示文稿评估的七个要点

七个评估要点,具有不同的权重。处于图 7-1 的三角形底部的要点的权重较大。

下面简要阐述七个评估要点。

(1)主题明确

主题明确,是指科技演示文稿应围绕一个主题展开讨论。这个主题应该在演示文稿题名页的题名中表达出来。

不少科技演示文稿存在题名与内容失配的情况,或文不对题,或题不配文。

对于学术交流类科技演示文稿,其题名应针对演示的重点内容命题。题名切忌假、大、空、泛。要提倡小题大做,切勿大题小做。

当然，大多数科技汇报类演示文稿都是“命题作文”，演示文稿的题名由主管部门制定，例如“×××立题论证报告”“×××研制总结报告”“×××排故分析报告”等，编制人员不得自行更改。

(2)纲目清晰

如前所述，纲目是演示文稿的导航系统。它不仅引导编排，也引导阅读。一个清晰的纲目，对于演示文稿而言，极其重要！

纲目清晰，就是使科技演示文稿的纲目程序符合阐述对象的事理逻辑。例如，“立题论证报告”的事理逻辑是“必要性→合理性→可行性”。又如，分析一个电子系统的事理逻辑是“系统组成→工作原理→数学模型→参数分析→验证评估”。

顺着事理逻辑编排清晰的纲目，就会一通百通，演示文稿也就顺理成章。反之，就是一团乱麻，毫无条理。

(3)内容简明

光是主题明确、纲目清晰还不够，内容也应简明。否则，仍然难以使听讲人一目了然。

如果把纲目比作一棵树的树干和树枝，那么内容就是挂在树枝上的果实。能够与纲目相得益彰的内容，才是有用的，否则都应删除。

编制科技演示文稿，必须先构建纲目，再配置内容。不管采用文字，还是采用图表来表达相关内容，都必须简明扼要、通俗易懂。

(4)行文精练

在科技演示文稿中，行文是必不可少的。

正如前文所述，演示文稿是用来瞟的，不是用来一字一句地阅读的。听讲人只要瞟上一眼，就能了解演示文稿的基本内涵。不简明，是不行的。演示文稿的文字内容一定要简明，简明，再简明，使听讲人“望文知义”。

“大段文字是演示文稿的‘肿瘤’”的观点，应该引起广大科技人员的重视。有些演示文稿，大大小小的“肿瘤”比比皆是，已“病入膏肓”，不仅没有观赏性，也没有可演讲性。

(5)图表自明

在科技演示文稿中，图表是常见的表达方式。

什么叫做图表的自明性？能够“看图识意”和“读表知情”的图表就是具有自明性的图表。

通常，复杂方框图、复杂电路图、MATLAB仿真图、截屏图、复杂结构图等，往往不具备自明性，难以一目了然，也很难讲解。这些图形不宜作为演示文稿。有人把幅面很大的图形缩小后放置在内容栏中，字符比芝麻还小，投影出来也看不清楚。演示这种图形又有什么意义呢！

同样，也不应采用具有海量数据的表格。演示这种既不能讲又不能读的表格，是毫无用处的。

显然，必须对复杂图表进行简化，使它成为具有自明性的图表，才能纳入演示文稿内容栏。

(6)循规蹈矩

既然科技演示文稿是在科技界进行汇报、交流、沟通的演示文稿，那么它的编排必须遵循科技写作的通用规则。特别要遵循八种字符和五种要素的编排规则。八种字符是指汉字、字母、数字、量符号、单位符号、数学符号、标点符号和图形符号。五种要素是指章节、词句、公式、插图和表格。具体编排规则可参阅文献[6]。

当前，科技演示文稿中不符合国家标准或行业标准的情况十分普遍，文、式、图、表的编排差错率高得惊人，应引起演示文稿编制人员的足够重视。

(7)细节完美

编排科技演示文稿，要重视细节。细节问题，无处不在。说是细节，实际上也是涉及编排质量的大问题。例如，在同一个演示文稿中，要做到诸多统一：设计风格的统一，模板格式的统一，标题栏、内容栏编排格式的统一，字号、字体的统一，图形符号的统一，表格形式的统一，主体色调的统一等。

要做到细节完美是不容易的。即使演示文稿制作高手，也很难编制出十全十美的演示文稿。但是，演示文稿的制作者们必须不懈努力，追求完美，力求完美。

7.2 过程控制

在本书的5.3节与6.1节的示例中，提到过工作过程的PDCA管理方法。PDCA是一种科学管理模式，适用于一切过程的管理，当然也适用于演示文稿编制过程的管理。科技演示文稿的编制过程涉及策划、制作、检查和处置四个阶段，正好与PDCA管理模式吻合，如图7-2所示。

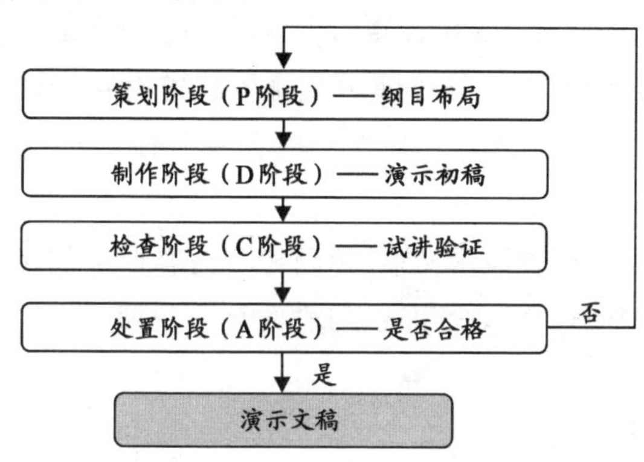

图7-2 科技演示文稿编制质量控制

下面讨论科技演示文稿的策划、制作、检查和处置阶段的工作内容。

(1)策划阶段

科技演示文稿的策划阶段的工作内容：根据任务要求，编排PPT演示文稿的纲目布局图。

首先，明确任务要求，如演示目的，演讲时间，受众对象，互动需求等。

然后，根据原始文稿编写适合演讲对象和演讲时间的演讲文稿，它是原始文稿的概要。

最后，根据演讲文稿的纲要编排演示文稿的纲目布局图。纲目布局图的编排方法在 5.2 节中已作详细介绍，不再重复。

(2)制作阶段

一旦确定纲目布局图，演示文稿幻灯片总数和每页幻灯片的标题也就确定了，后续工作就是编制每幅幻灯片，完成演示初稿。

首先，选择合适的模板。科研单位的标准模板一般采用三栏版。个人自选模板时，一般采用双栏版。

然后，按照纲目布局图编排所有标题栏。通常，章、节的序号和标题应在标题栏内左顶格编排，条、款的序号和标题应在标题栏内居中编排。应统一层次标题的字体、字号与颜色。

最后，在内容栏中编排演示文稿的技术内容，通常采用提纲式、简图式或简表式编排。应统一内容栏中的文字和图形符号的格式与颜色。

建议：对于科技演示文稿，标题栏与内容栏中的字符，尽量采用“深色字配浅色底”，少用或不用“浅色字配深色底”，禁用“深色字配深色底”。

(3)检查阶段

完成演示初稿的编制工作之后，应作反复校对与修改，使演示初稿满足 7.1 节中的评估要求。对于编制演示文稿的新手而言，校对修改三四遍、五六遍，甚至七八遍，都是正常的。

当演示初稿基本满足要求后，可进行试讲，验证演讲时间，检验演讲效果。

(4)处置阶段

根据试讲评审人员的意见，对演讲文稿和演示文稿作相应的处置。如果试讲审核不合格，则重复 PDCA 流程，继续修改。如果试讲审核合格，则确认演示文稿。

应该指出，必须重视“原始文稿→演讲文稿→演示文稿”过程的质量控制。通常原始文稿经过校对、审核、标准化审查和批准等多层次把关，文稿质量是受控的。然而，演讲文稿和演示文稿一般不设置校对、审核和批准环节，文稿质量处于不受控状态。当然，演讲文稿和演示文稿都源于原始文稿，一般不会出现技术性偏差。但是，演讲文稿和演示文稿的编排质量主要处决于编撰人的总结和表达能力，往往存在较多问题。

编制科技演示文稿的科研人员，尤其是不熟悉编制要求和编制方法的科研人员，要充分认识科技演示文稿的评估要点，重视科技演示文稿编制过程的科学管理，对演示文稿的编制工作实施自我控制。

细心的读者可能会问：一个不会编制演示文稿的科研人员，怎么实现演示文稿编制质量的自我控制？如同“理论指导实践，实践升华理论”一样，在基本了解演示文稿制作方法的基础上，通过不断实践才能掌握演示文稿编制方法的真谛。多模仿、多请教，是提高演示文稿质量的行之有效的方法。

多模仿，是提高演示文稿编制水平的有效途径之一。有些PPT教程指出：“模仿是最好的老师。”所谓模仿，是在仿照模样的基础上推陈出新，而不是“依样画葫芦”。如果缺少对科技内涵和演示方式的正确理解，仅仅模仿某种演示文稿的外在形式，就难以获得理想的演示效果。只有全面提升自己的科研素养，不断向优秀演示文稿学习，取长补短，才能提高演示文稿的编制水平。提及模仿，必须讲一讲模板问题。模板通常指制图或设计的固定格式。尽管网上有各式各样的PPT模板，却难以寻觅适合科技汇报的优质模板。其实，科技汇报类演示文稿的题名页和目录页应返朴归真，简明清晰；内容页应符合事理逻辑，通俗易懂。不同科技内容的事理逻辑各不相同，不存在统一的模板。只有对技术内容作合理的编辑和排版，方可绘制出合适的科技幻灯片。

多请教,是提高演示文稿编制水平的又一途径。有一本 PPT 教程,取了一个很实在的书名——《别告诉我你懂 PPT》[5]。的确如此,即使演示文稿的制作高手,也不会大言不惭地讲“我懂 PPT”。然而,在科研单位中,还是可以找到几位演示文稿编制水平相对较高的科技人员。编制科技演示文稿的新手,应该争取得到他们的指点。除了编制人员主动请求高手帮助之外,主管部门还可以组织专题审议会评估演示文稿的编制质量,提出修改意见。某科研单位每年都对自培硕士研究生的答辩演示文稿进行专家审议。有一位硕士研究生的答辩演示文稿先后被审议了三次:第一稿,毫无重点,不着边际;第二稿,纲目不清,表述混乱;第三稿,基本成型,仍有差距。随后,又修改了多次。用作答辩的演示文稿,连他自己都记不清是第几稿了。事后他深有感触地说:“前几稿,真是不堪入目。”对于新手而言,编制的演示文稿存在这样那样的问题,是十分正常的现象。问题在于,如果科研单位主管部门不组织专家审议的话,待答辩的硕士生们也不会主动请编制高手审阅自己的演示文稿,为什么会出现这种状况?有人说出了真实想法:“那么多参加答辩的演示文稿,多数不做审议修改,也能过关。我们的审议如此严格苛刻,有必要吗?”把严谨细致的科研作风当作苛求,抱着只求过关的心态去编排演示文稿,哪有编制质量可言。主管人员着急,当事学生却不着急,真是“皇帝不急太监急”,说到底还是学风问题。

第8章 编排实例

本章列举三个科技演示文稿的编排实例:一是简要讲座演示文稿举例——“科技PPT演示文稿编排方法”;二是微型讲座演示文稿举例——“科技论文质量要求”;三是科普讲座演示文稿举例——“雷达导引头科普知识”。

8.1 简要讲座演示文稿举例

简要讲座是篇幅较长的讲座的简约版。

笔者在开设“科技演示文稿编制”讲座的初期,演示文稿是按详细课件编排的,约120幅幻灯片。采用详细课件,可以在没有相应教材的情况下,给培训对象提供详尽的听讲与复习资料。详细课件的演讲时间较长,约需三个课时。后来,把讲座内容限制在科技汇报、学术交流和技术沟通范围内,而且只讲解技术内容编排方法,于是形成了“科技PPT演示文稿编排方法”讲座。实际上,“科技PPT演示文稿编排方法”是“科技演示文稿编制”的简约版,约45幅幻灯片,只需一个课时。采用简约版演示文稿,并以同名讲义(本书的原始文稿)为参考资料,提高了听讲效率。

这里展示了“科技PPT演示文稿编排方法”的部分演示文稿(注:略去了第2章、第4章和第7章的具体内容)。针对每幅幻灯片,读者可以从本书相关章节中提炼出相应的演讲文稿。

科技PPT演示文稿
编 排 方 法
高 烽

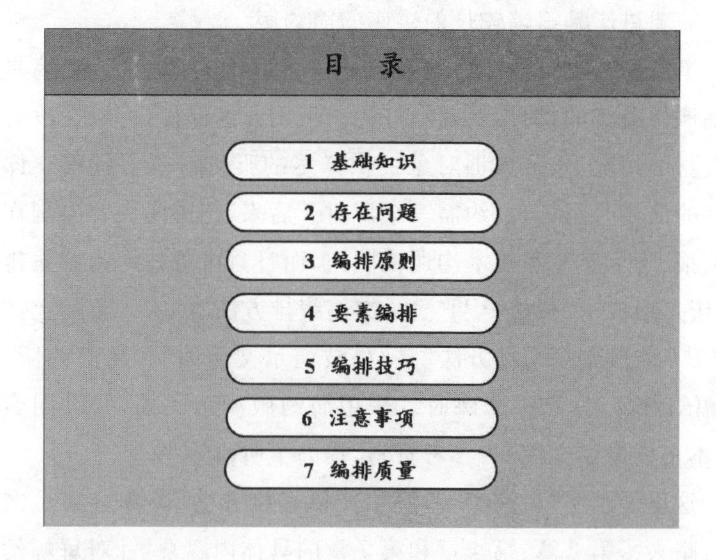
目 录
1 基础知识
2 存在问题
3 编排原则
4 要素编排
5 编排技巧
6 注意事项
7 编排质量

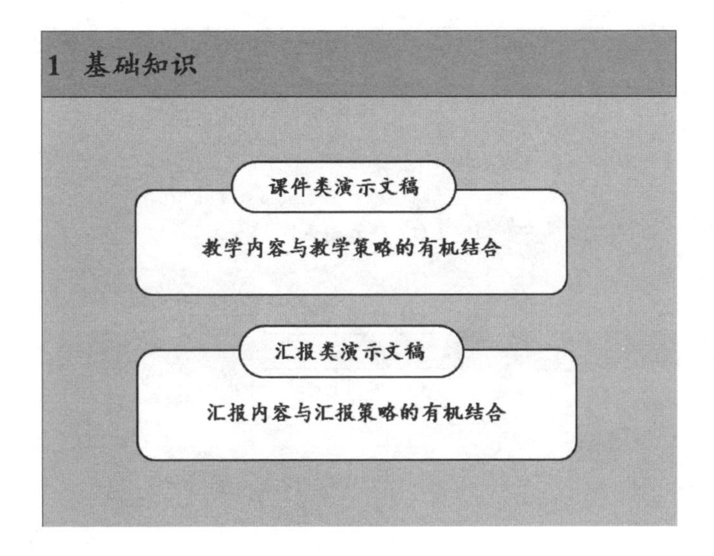
1 基础知识
课件类演示文稿
教学内容与教学策略的有机结合
汇报类演示文稿
汇报内容与汇报策略的有机结合

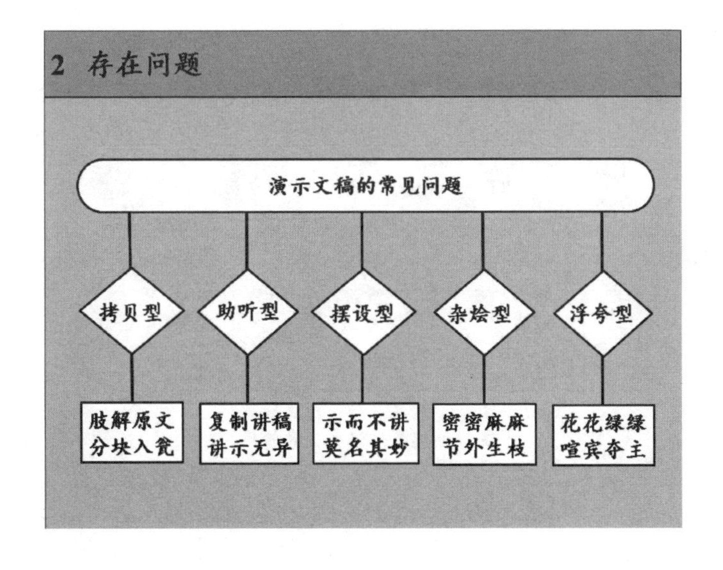
2 存在问题
演示文稿的常见问题
拷贝型
助听型
摆设型
杂烩型
浮夸型
肢解原文
分块入瓮
复制讲稿
讲示无异
示而不讲
莫名其妙
密密麻麻
节外生枝
花花绿绿
喧宾夺主

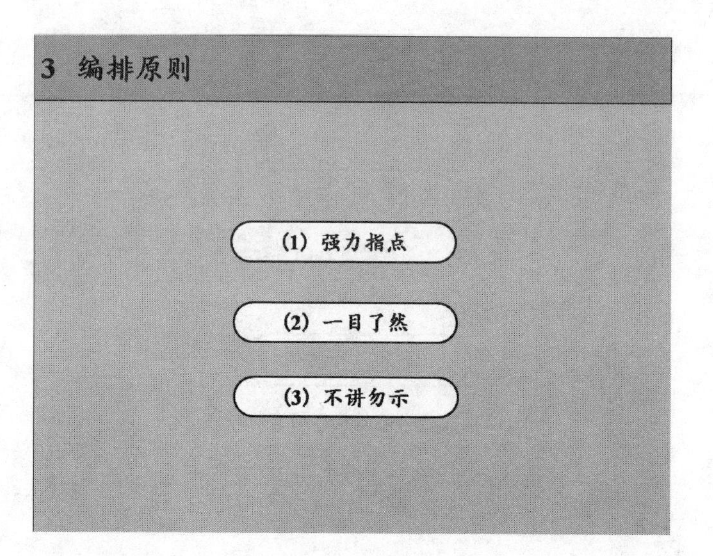
3 编排原则
(1) 强力指点
(2) 一目了然
(3) 不讲勿示

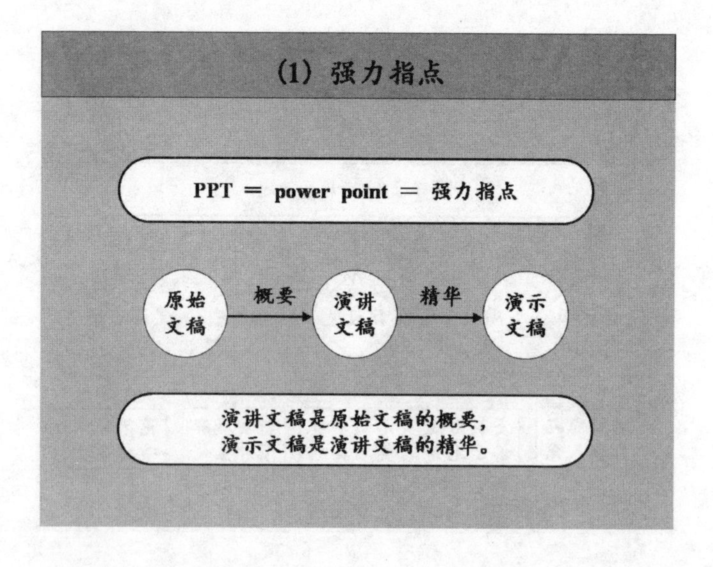
(1) 强力指点
PPT = power point = 强力指点
原始文稿
概要
演讲文稿
精华
演示文稿
演讲文稿是原始文稿的概要，
演示文稿是演讲文稿的精华。

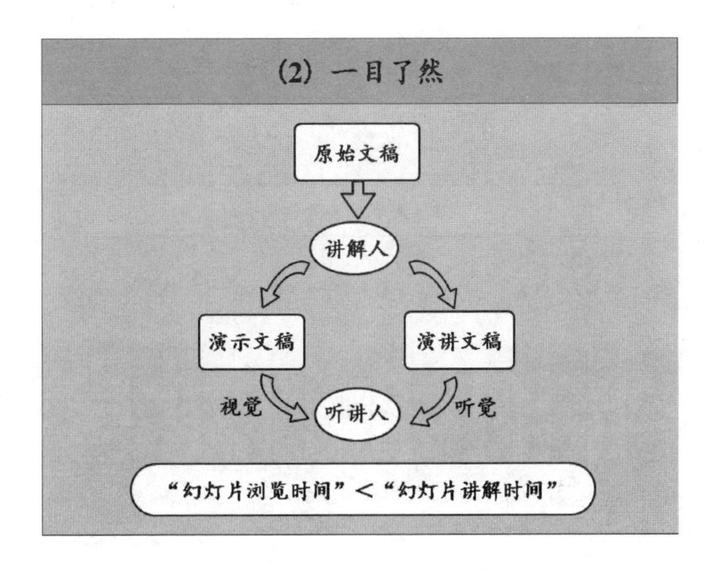
(2) 一目了然
原始文稿
讲解人
演示文稿
演讲文稿
视觉
听讲人
听觉
“幻灯片浏览时间”<“幻灯片讲解时间”

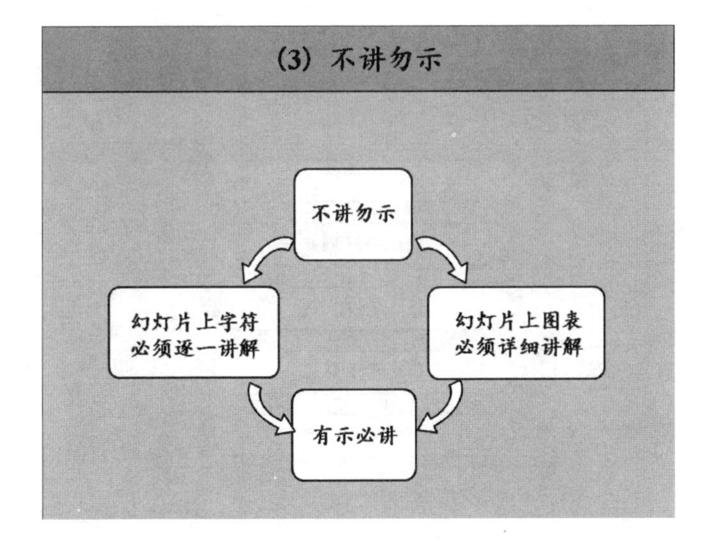
(3) 不讲勿示
不讲勿示
幻灯片上字符
必须逐一讲解
幻灯片上图表
必须详细讲解
有示必讲

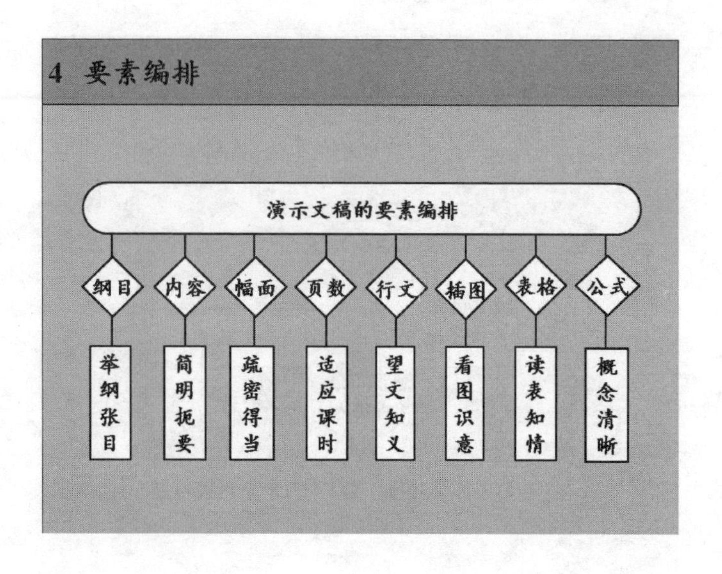
4 要素编排
演示文稿的要素编排
纲目
内容
幅面
页数
行文
插图
表格
公式
举纲张目
简明扼要
疏密得当
适应课时
望文知义
看图识意
读表知情
概念清晰

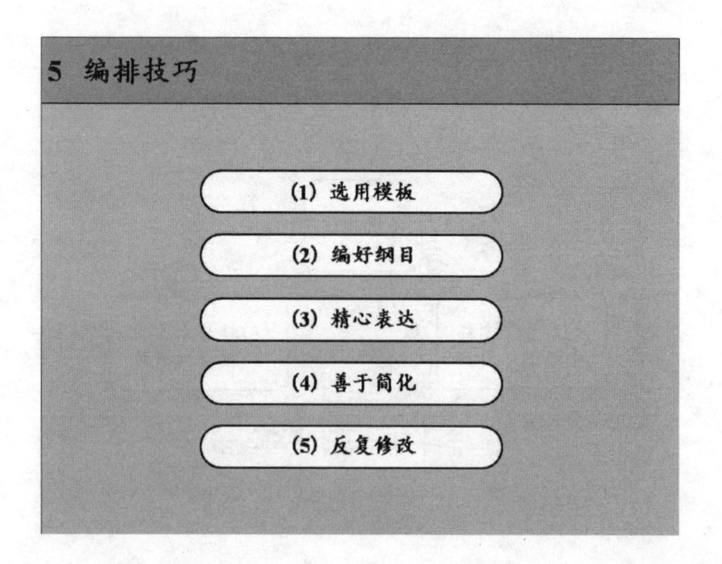
5 编排技巧
(1) 选用模板
(2) 编好纲目
(3) 精心表达
(4) 善于简化
(5) 反复修改

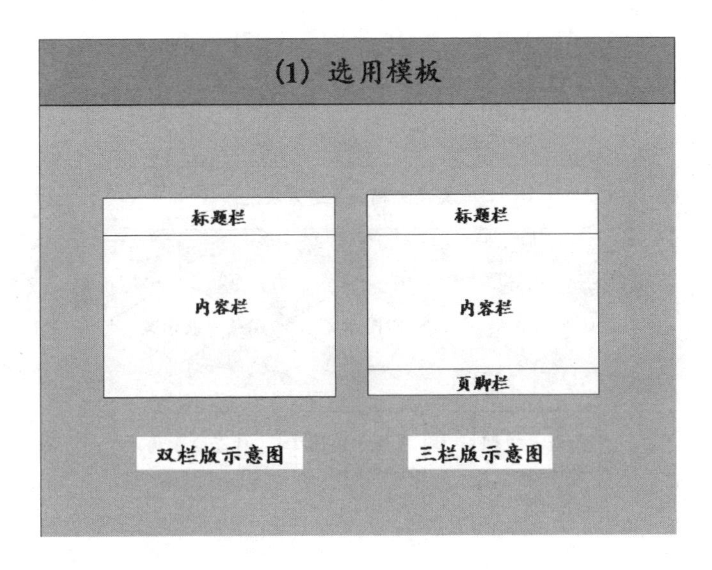
(1) 选用模板
标题栏
内容栏
标题栏
内容栏
页脚栏
双栏版示意图
三栏版示意图

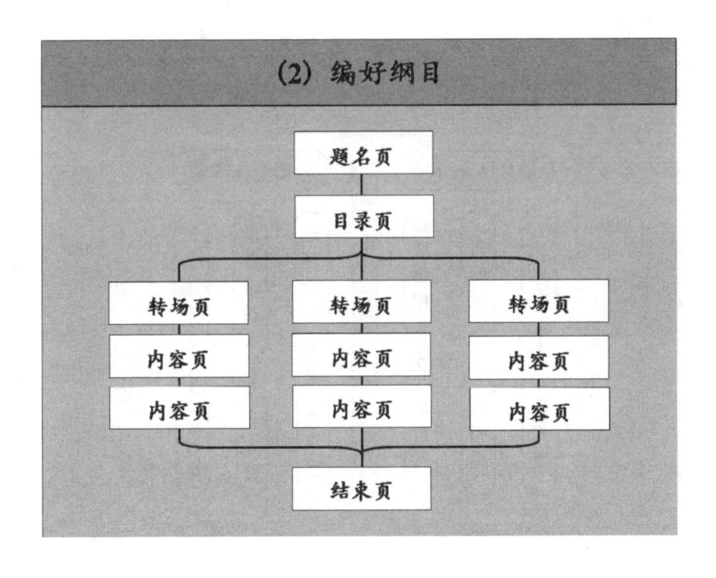
(2) 编好纲目
题名页
目录页
转场页
内容页
内容页
转场页
内容页
内容页
转场页
内容页
内容页
结束页

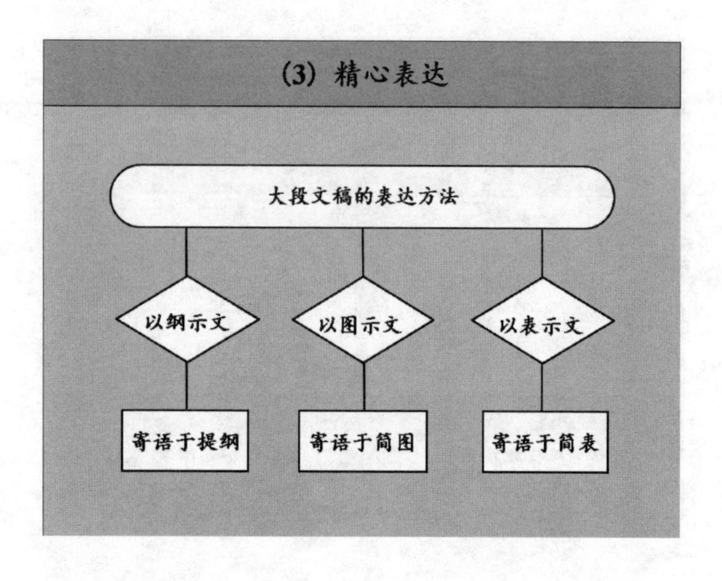
(3) 精心表达
大段文稿的表达方法
以纲示文
以图示文
以表示文
寄语于提纲
寄语于简图
寄语于简表

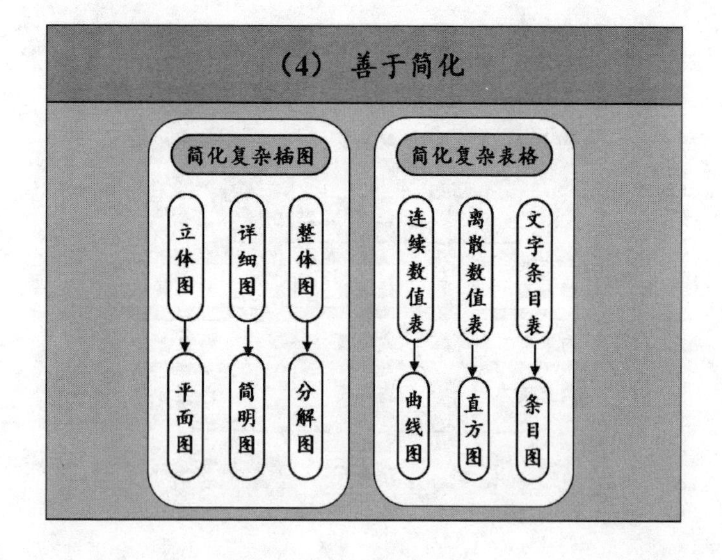
(4) 善于简化
简化复杂插图
立体图
详细图
整体图
平面图
简明图
分解图
简化复杂表格
连续数值表
离散数值表
文字条目表
曲线图
直方图
条目图

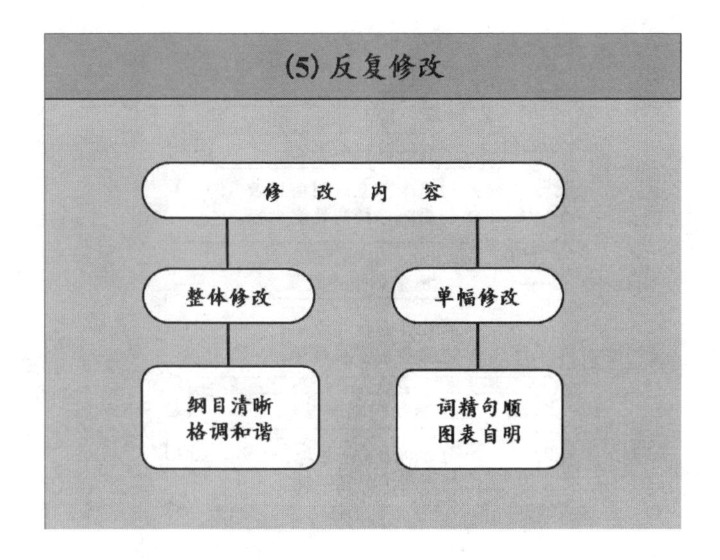

【例】网络利用率（原始稿）

- 设置不同的目标网络利用率，会对网络造成不同的影响：
  - 提高目标网络利用率，无线资源使用更充分，可能会影啊TD网络性能；
  - 降低目标网络利用率，网络性能指标较好，但会频繁扩容、增加投资、造成不必要的浪费。
- 设置合理的日标网络利用率，应
  - 在满足网络性能要求的前提下，分析、预测业务量变化，既要考虑当前网络利用率情况；
  - 充分考虑业务发展趋势，使业务量与网络配置在一个相刘较长的时期内保持稳定，避免过度频繁的调整，有提高网络效率的同时保障网络运行的质量
- 可参考GSM网络利用率指标的原则，并结合TD实际情况进行适当调整
  - GSM网络经过十几年的发展，其用户分布和话务出求趋于稳定，统计数据样本允分，预测方法更加科学、准确。

【例】网络利用率（修改稿）

网络利用率影响

提高利用率，充分利用资源；
降低利用率，提高性能指标。

网络利用率设置

满足当前性能要求；
适应未来发展趋势。

网络利用率调整

可参考GSM指标；
结合TD实际情况。

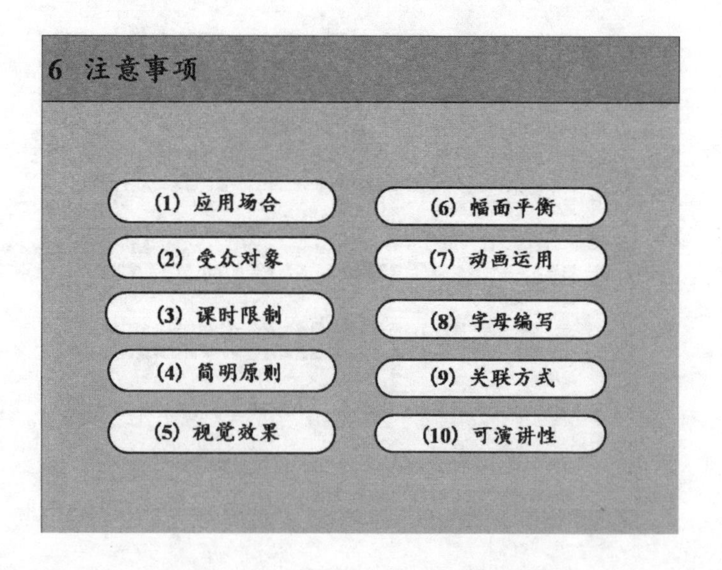

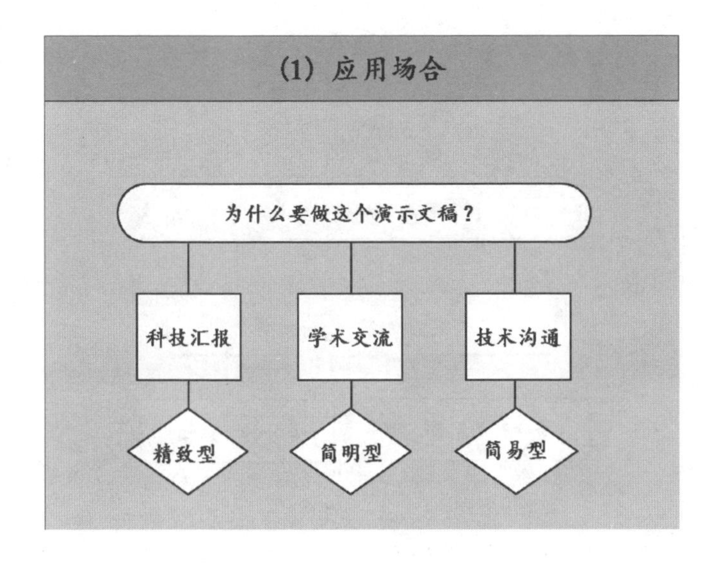
(1) 应用场合
为什么要做这个演示文稿？
科技汇报
学术交流
技术沟通
精致型
简明型
简易型

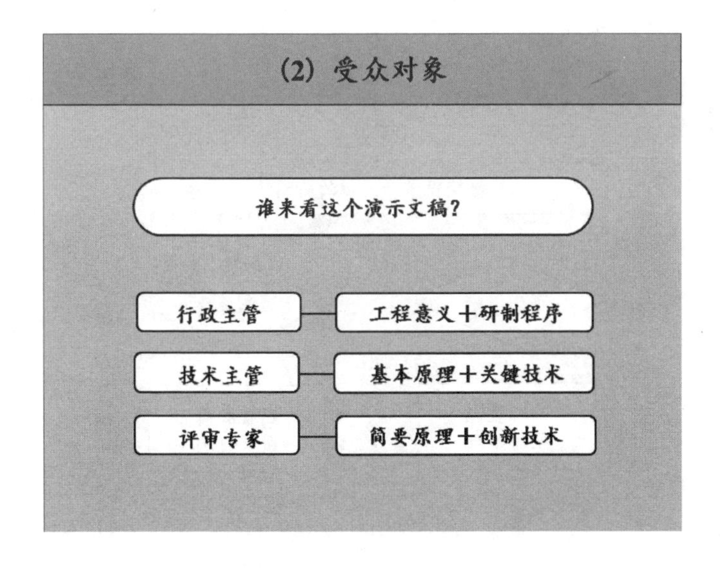
(2) 受众对象
谁来看这个演示文稿？
行政主管
工程意义＋研制程序
技术主管
基本原理＋关键技术
评审专家
简要原理＋创新技术

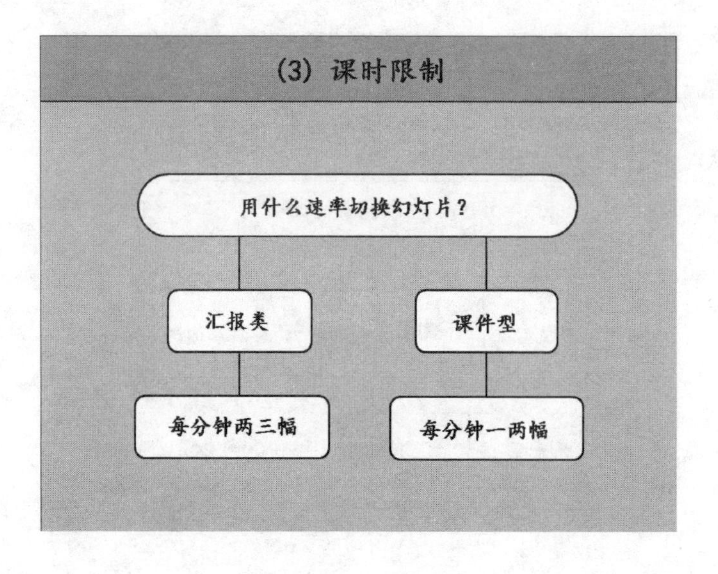
(3) 课时限制
用什么速率切换幻灯片？
汇报类
课件型
每分钟两三幅
每分钟一两幅

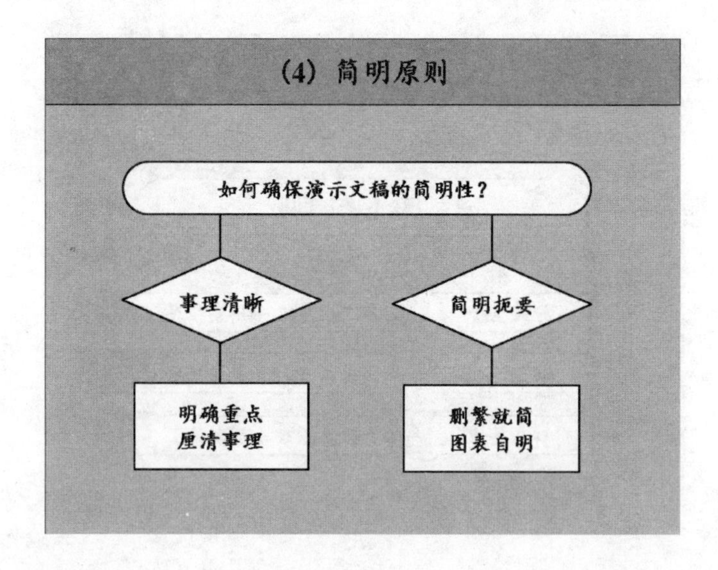
(4) 简明原则
如何确保演示文稿的简明性？
事理清晰
简明扼要
明确重点
厘清事理
删繁就简
图表自明

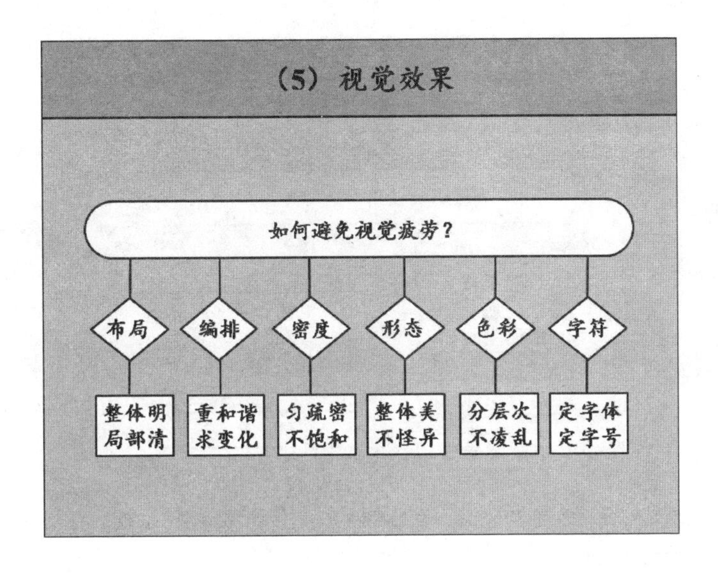
（5）视觉效果
如何避免视觉疲劳？
布局
编排
密度
形态
色彩
字符
整体明
局部清
重和谐
求变化
匀疏密
不饱和
整体美
不怪异
分层次
不凌乱
定字体
定字号

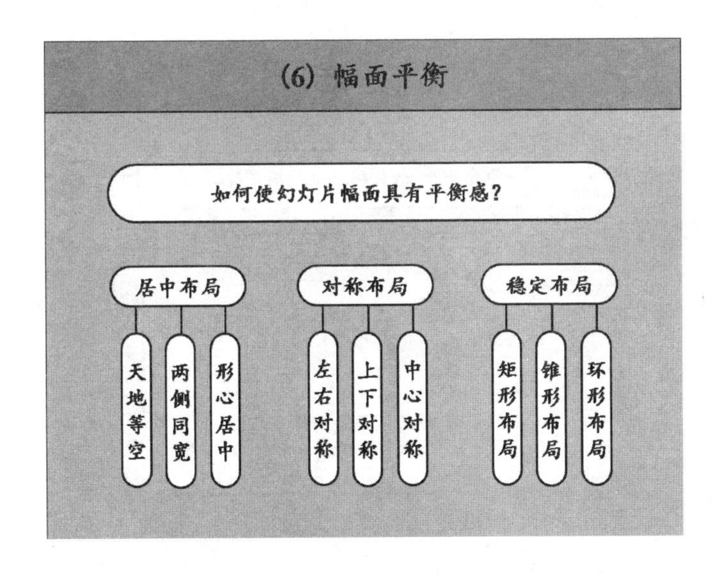
（6）幅面平衡
如何使幻灯片幅面具有平衡感？
居中布局
对称布局
稳定布局
天地等空
两侧同宽
形心居中
左右对称
上下对称
中心对称
矩形布局
锥形布局
环形布局

(7) 动画运用

如何正确使用动态幻灯片？

闪现型动画
强调型动画
干扰视觉，不宜采用

路径型动画
层次型动画
有助理解，适当运用

(8) 字母编写

如何实现演示文稿字母的规范化？

六思而行写字母

一思：采用何种字母？
二思：采用什么符号？
三思：采用哪种字体？
四思：采用大写还是小写字母？
五思：采用正体还是斜体字母？
六思：采用加粗还是不加粗字母？

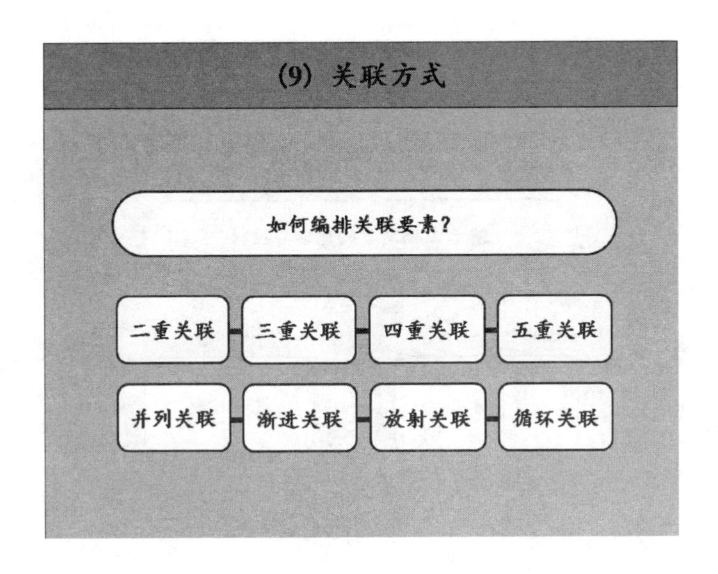
(9) 关联方式
如何编排关联要素?
二重关联
三重关联
四重关联
五重关联
并列关联
渐进关联
放射关联
循环关联

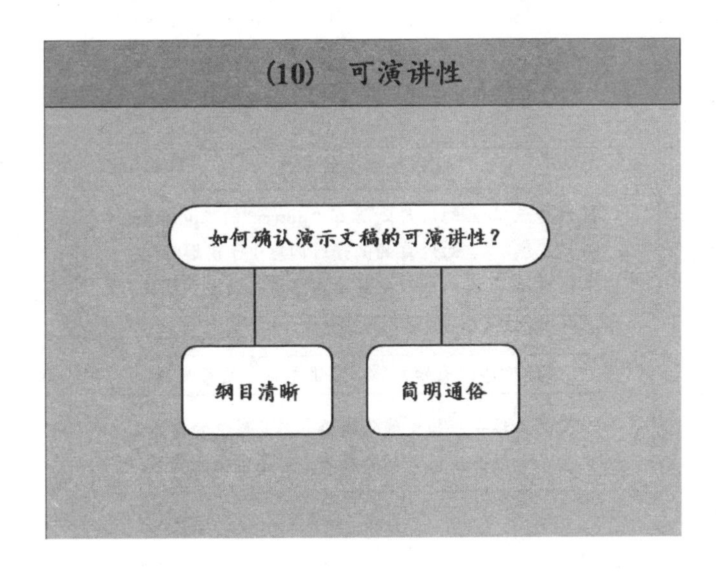
(10) 可演讲性
如何确认演示文稿的可演讲性?
纲目清晰
简明通俗

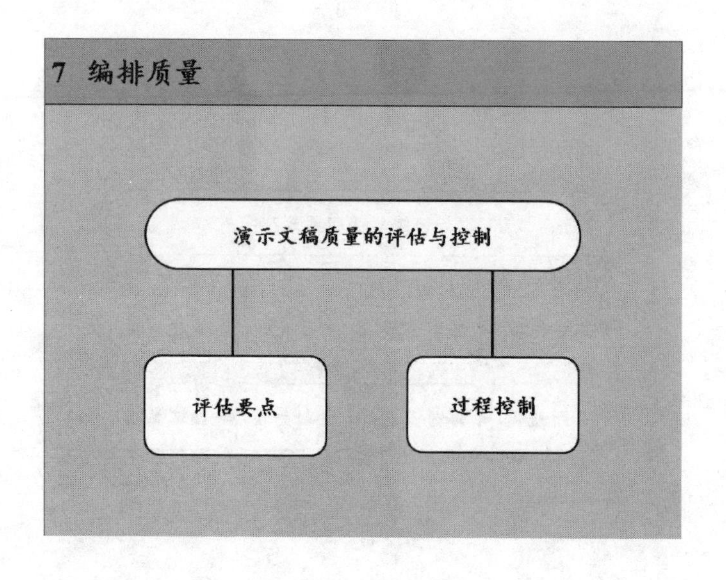
7 编排质量
演示文稿质量的评估与控制
评估要点
过程控制

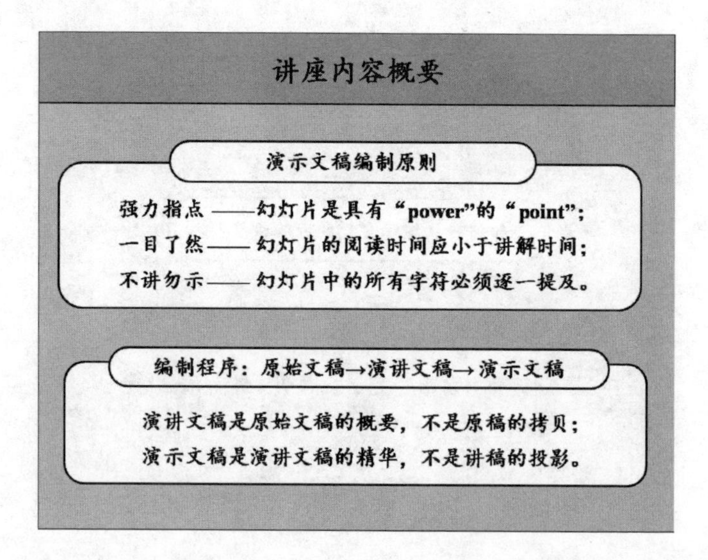
讲座内容概要
演示文稿编制原则
强力指点 ——幻灯片是具有“power”的“point”;
一目了然—— 幻灯片的阅读时间应小于讲解时间;
不讲勿示—— 幻灯片中的所有字符必须逐一提及。
编制程序：原始文稿→演讲文稿→演示文稿
演讲文稿是原始文稿的概要，不是原稿的拷贝;
演示文稿是演讲文稿的精华，不是讲稿的投影。

结束语

科技演示文稿编制人员应具备的基本素质

科学　文学　美学

只有更好的演示文稿，没有十全十美的演示文稿！

参考文献

[1] 秋叶，等. 和秋叶一起学PPT[M].2版. 北京：人民邮电出版社，2014
[2] 秋叶，等. 说服力——让你的PPT会说话[M].2版. 北京：人民邮电出版社，2014
[3] 秋叶，等. 说服力——教你做出专业又出彩的演示PPT[M].2版. 北京：人民邮电出版社，2014
[4] 秋叶，等. 说服力——工作型PPT该这样做[M].2版.北京：人民邮电出版社，2014
[5] 李治.别告诉我你懂PPT[M].北京：北京大学出版社，2010

8.2 微型讲座演示文稿举例

微型讲座简称微讲座。有人对微讲座给出了定义:“微讲座是指时间控制在二十分钟以内,针对某个特定主题,条理清晰、结构严谨的小型讲座。”麻雀虽小,五脏俱全。微讲座必须做到主题明确、纲目清晰、表述简练、短小精干。

本节列举的讲座题名为“科技论文质量要求”,这是笔者在某科技杂志年会上作的五分钟微讲座。讲座的原始文稿采用《科技论文写作规则与行文技巧》中的相关章节[6]。按会议要求,演讲时间只有五分钟。若语速以每分钟 250 字计算,演讲文稿总字数为 1250 字。当然,演讲语速因人而异,相应的演讲文稿总字数也有差异。下面是这个微型讲座的 12 段讲稿。

【第 1 段】讲座的题名是**“科技论文质量要求”**,讲解时间约五分钟。

【第 2 段】讲座共三章,这是讲座的**目录**。第 1 章/科学性,第 2 章/文学性,第 3 章/规范性。

【第 3 段】现在讲第 1 章——科技论文的**科学性**。内容涉及创新性、准确性和逻辑性。创新是科技论文的灵魂,没有灵魂的科技论文是没有生命力的。准确性和逻辑性是为创新性服务的。

【第 4 段】既然创新是灵魂,就要注意科技论文**创新点的表达方法**。应围绕创新内容行文,使论文满篇皆新:题名应以创新内容命题,它是创新点的标签;摘要应摘录创新内容之要,它是创新点的名片;关键词要有序排列且指向创新点,它是创新点的路标;引言应阐述创新内容的写作思路,它是创新点的导读;正文应以最大篇幅阐述创新内容,它是创新点的写真;结论应客观公正地评估创新内容,它是创新点的评语。

【第 5 段】下面概述**科技文稿在科学性方面的存在问题**:一是读啥写啥,不做科学分析,论文好似读书笔记;二是干啥写啥,不做理性升华，论文好似试验记录；三是东拼西凑，不合事理逻辑，论文好似一盘散沙；四是面面俱到，不见创新内容，论文缺少科技含量。

【第 6 段】现在讲第 2 章——科技论文的**文学性**。科技写作三个特点：举纲张目、简明扼要和通俗易懂。举纲张目是科技写作的基础；简明扼要是科技写作的尽境。尽境，就是最高境界。

【第 7 段】要注意**科技行文方法**。必须清晰明了地阐述创新内容：一要举纲张目，顺理成章；二要题文相扣，小题大做；三要词精句顺，言简意赅；四要深入浅出，通俗易懂。

【第 8 段】下面概述**科技文稿在文学性方面的存在问题**：一是事理不清，纲目混乱，文理不通；二是段意不明，语意模糊，行文晦涩；三是口语连篇，病句泛滥，难以阅读；四是自我评价，夸大其词，虚浮不实。

【第 9 段】现在讲第 3 章——科技论文的**规范性**。科技行文的约束性规范是“859”规则：一是 8 种字符规则，包括汉字、字母、数字、量符号、单位符号、数学符号、标点符号、图形符号的编排规则；二是 5 种要素规则，包括章节、词句、公式、插图、表格的编排规则；三是 9 种结构规则，包括题名、署名、摘要、关键词、引言、正文、结论、参考文献、附录的编排规则。

【第 10 段】介绍一下**规范性的评估方法**。规范性评估的定量指标是“编排差错率”，它等于全文差错总数与全文总字数之比，用万分率表示。合格科技论文的编排差错率应不大于万分之二；优秀科技论文的差错率应不大于万分之一。当前不少科技文稿的编排差错率达万分之一二百，甚至高达万分之五六百。

【第 11 段】讲一讲**科技文稿在规范性方面存在问题**：一是字符编排不规范，无视标准；二是层次编排不规范，乱用序号；三是公式编排不规范，格式多变；四是图表编排不规范，无自明性。

【第 12 段】作为**结束语**，明确一下科技论文的质量目标——“标新立异＋简明扼要＋万无一错”。大家要以创新、简明和规范化为目标，编写出高质量的优秀科技论文！

演讲文稿的 12 个语段，就是 12 个演讲意群，据此可以编排 12 幅幻灯片。每个语段中的黑体文字是该语段的要点，可作为相应幻灯片的标题。微讲座的演示文稿既是助讲稿，又是助听稿，其内容不仅要与演讲文稿内容高度一致，还要作简明化、提纲化或图形化处理，使听讲人在短暂的听讲时间里，保持视、听的协调性，提高听讲效率。

微讲座的讲解时间很短，演示文稿页数较少，没有必要编排过多的章、节、条、款层次，通常只设章层次就足够了。在本例中，设置了三章：第 1 章/科学性；第 2 章/文学性；第 3 章/规范性。章内不设节，只要将各个语段的要点作为标题，编排在演示文稿的标题栏中就可以了。例如在第 1 章/科学性中，设置了“创新点表述方法”和“科技文稿在科学性方面的存在问题”这两个标题。大家可能会担心：没有层次代号，是否会乱套呢？只要在翻转幻灯片时，插入相应的“引入语”或“接续语”，转换就会十分自如。

顺便讨论一下“微课件”这一新生事物。一个专业往往是一个知识体系，它是大量知识点的有序链接。阐述某一知识点的课件，如果足够短，就是微课件。广义地讲，微课件是微讲座的一种形式。本节所列举的实例——“科技论文质量要求”，是一个独立的微讲座。如果把它看作《科技论文写作规则与行文技巧》培训课程的一个专题，那么它就是一个微课件。当然，微课件的内容应适当充实，演讲时间也不必只限于五分钟，可以适当延长至十几二十分钟。作为微课件，必须将教学内容与教学策略有机地结合起来。如果“微课件”与“课”字无关，那就名不副实了！

科技论文质量要求
高　烽

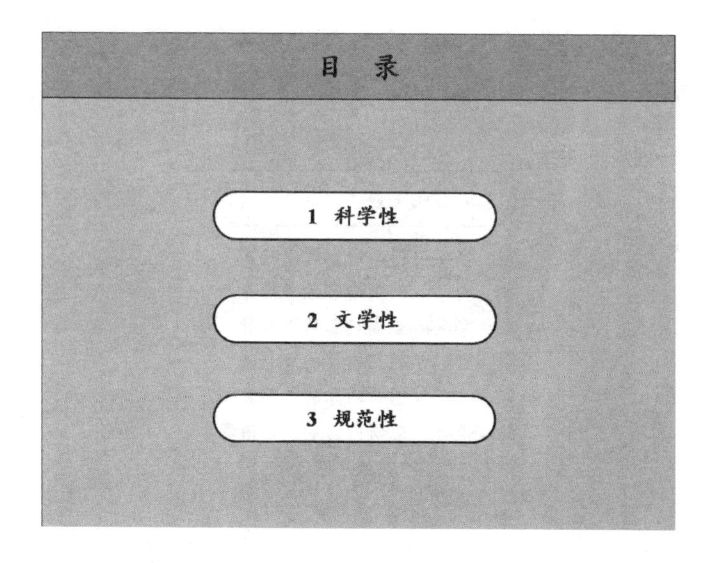
目　录
1 科学性
2 文学性
3 规范性

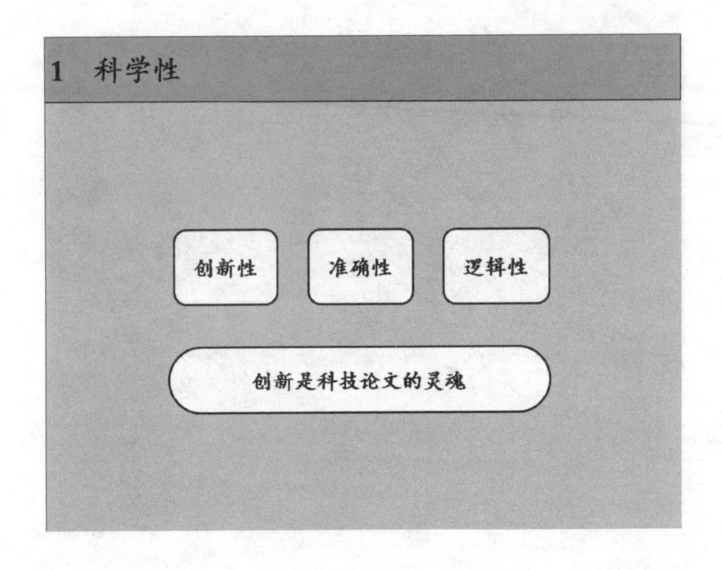
1 科学性
创新性
准确性
逻辑性
创新是科技论文的灵魂

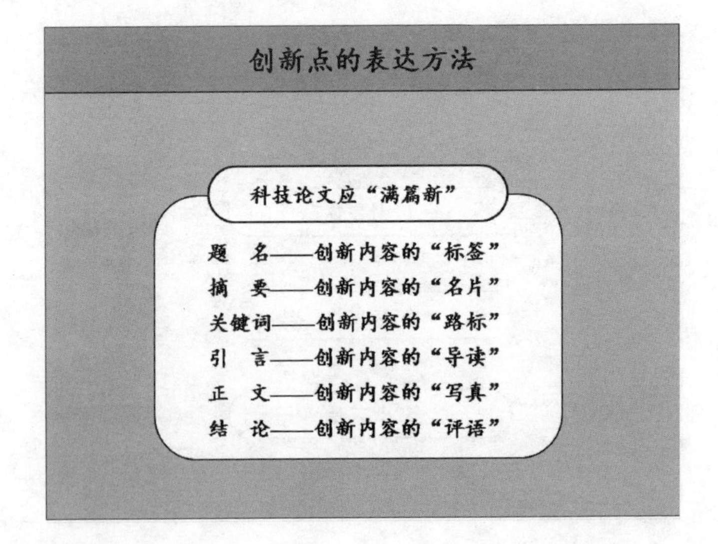
创新点的表达方法
科技论文应“满篇新”
题 名——创新内容的“标签”
摘 要——创新内容的“名片”
关键词——创新内容的“路标”
引 言——创新内容的“导读”
正 文——创新内容的“写真”
结 论——创新内容的“评语”

科技文稿在科学性方面的存在问题

读啥写啥，不做科学分析，犹如读书笔记。

干啥写啥，不做理性升华，犹如试验记录。

东拼西凑，不合事理逻辑，犹如一盘散沙。

面面俱到，不见创新内容，缺少科技含量。

2　文学性

举纲张目　　简明扼要　　通俗易懂

举纲张目是科技写作的基础；
简明扼要是科技写作的尽境。

科技行文方法

清晰明了地阐述创新内容

举纲张目，顺理成章。
题文相扣，小题大做。
词精句顺，言简意赅。
深入浅出，通俗易懂。

科技文稿在文学性方面的存在问题

事理不清，纲目混乱，文理不通。

段意不明，语意模糊，行文晦涩。

口语连篇，病句泛滥，难以阅读。

自我评价，夸大其词，虚浮不实。

3 规范性

科技写作的约束性规范——“859 规则”

8种字符规则

——汉字
——字母
——数字
——量符号
——单位符号
——数学符号
——标点符号
——图形符号

5种要素规则

——章节
——词句
——公式
——插图
——表格

9种结构规则

——题名
——署名
——摘要
——关键词
——引言
——正文
——结论
——参考文献
——附录

规范性的评估方法

编排质量的评估指标——编排差错率

编排差错率=全文差错数/全文总数字
（用万分率表达）

合格科技论文的差错率不大于万分之二

优秀科技论文的差错率不大于万分之一

当前，科技文稿的差错率高达万分之五六百

科技文稿在规范性方面的存在问题

字符编排不规范，无视标准！

层次编排不规范，乱用序号！

公式编排不规范，格式多变！

图表编排不规范，无自明性！

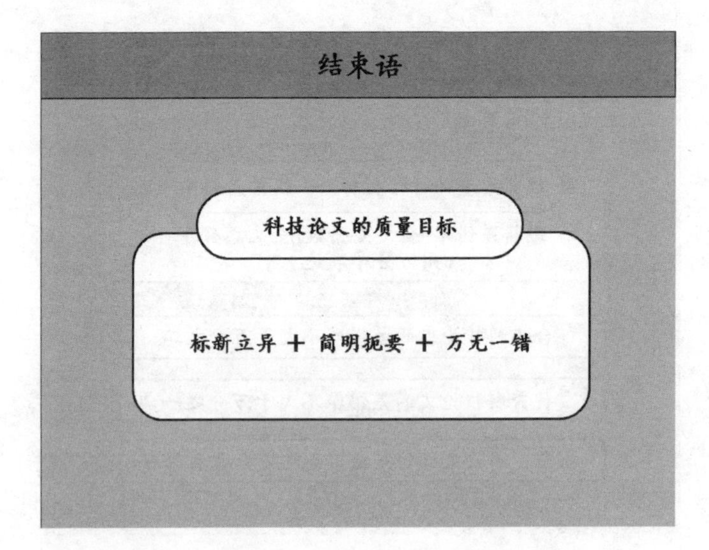

8.3　科普讲座演示文稿举例

科普是科学普及的简称。“科普是利用各种传媒，以浅显的、让公众易于理解、接受和参与的方式向普通大众介绍自然科学和社会科学知识、推广科学技术应用、倡导科学方法、传播科学思想、弘扬科学精神的活动。”

编排科普讲座演示文稿是以专业理论与科研实践为基础的。笔者长期从事雷达导引头研究，在完成《多普勒雷达导引头信号处理技术》和《雷达导引头概论》两本专著后[7,8]，才启动“雷达导引头科普知识”讲座演示文稿的编制工作。历时数月，几经修改，多次试讲，讲座的技术内容编排稿才初步成型。讲座共八章，这里仅给出前三章的技术内容的编排稿，略去了后五章。相应的讲稿插排在每幅幻灯片之后，便于对照理解。

科普讲座既不是技术培训课，也不是专题研讨会，而是向听众介绍相关专业的基础知识。在科研单位中，科普讲座的听众往往是相关专业的行政管理和后勤保障人员。科普讲座必须形象生动地展示相关专业的基础知识，让听讲人员在轻松自如的氛围中，理解相关专业的基本概念。

对于科普讲座而言，演讲文稿要口语化，演示文稿要形象化。不仅要编写易听能懂的演讲文稿，还应绘制具有自明性的幻灯片，使演讲自然流畅。如果幻灯片幅面难以理解，演讲文稿又充斥科技语言，且不时搬出一两个物理模型，写上几个数学公式，那就是自说自话。此外，演示文稿中的图表一般不编排序号，演讲文稿中不应出现“如图×所示”“由表×可见”之类的提示性话语。

应该指出，对于列举的“雷达导引头科普知识”技术内容编排稿，还需做大量的艺术性加工，使其成为形神兼备的科普演示文稿。

讲 稿
这个讲座介绍雷达导引头的科普知识。 大家从事雷达导引头科研的行政管理和后勤保障工作，希望了解一些雷达导引头的科普知识，但愿这个讲座能够满足大家的愿望。 不要担心听不懂，只要具备中等文化水平就能听懂。讲解过程中，如果确有听不懂的内容，请随时提问，可以作简要讨论。

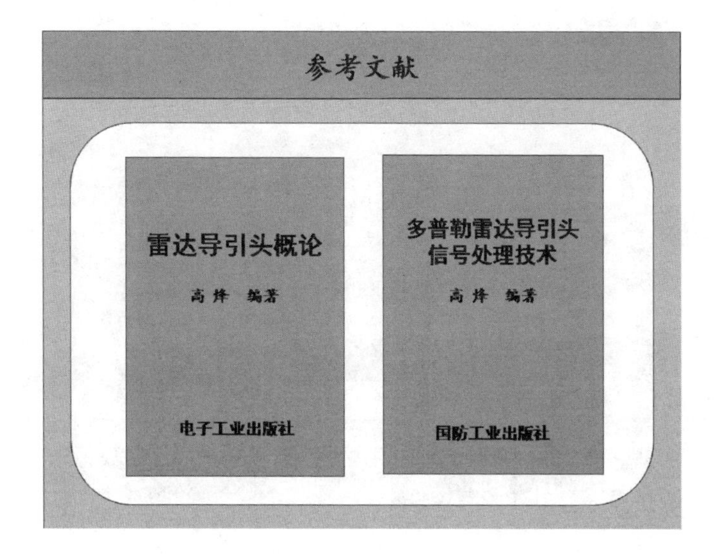

讲　稿

这个科普讲座的内容来自两本专著：一本是《雷达导引头概论》，另一本是《多普勒雷达导引头信号处理技术》。

如果大家听了这个讲座之后，还想对雷达导引头有更多的了解，可以参考这两本专著。当然，大家可能不具备相应的专业基础，读起来比较费劲。

术语简介

制　导	控制导弹按照特定飞行规律接近目标
引导头	发现目标并提取目标的位置与运动信息的装置
检　测	从噪声、杂波和干扰背景中发现目标

讲　稿

在讲解雷达导引头科普知识之前，先介绍三个专业技术用语：制导、导引头和检测。

什么是制导？制导就是控制导弹按照特定飞行规律接近目标。

什么是导引头？导引头就是安装在导弹头部，发现目标并提取目标的位置与运动信息的装置。

那么，什么是检测呢？检测就是从噪声、杂波和干扰背景中发现目标。

目　录

1　制导体制
2　寻的系统
3　物理基础
4　基本功能
5　检测技术
6　跟踪技术
7　识别技术
8　发展方向

讲　稿

这是讲座的目录。

共八章，分别介绍制导体制、寻的系统、物理基础、基本功能、检测技术、跟踪技术、识别技术和发展方向。

1 制导体制

1.1 驾束制导

1.2 指令制导

1.3 寻的制导

讲 稿

第1章是制导体制。

有多种制导体制，这个讲座只介绍三种：驾束制导、指令制导和寻的制导。

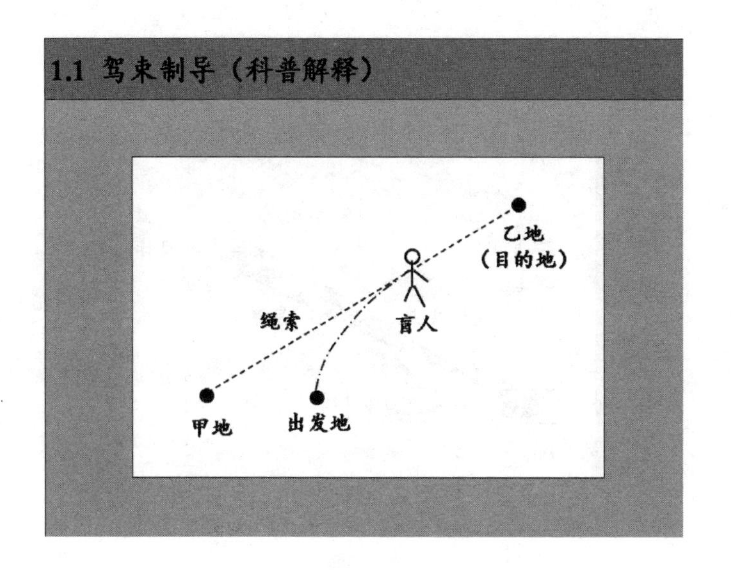

讲　稿

先讲驾束制导。

让我们先看一看这幅示意图。它表示盲人扶索前行，到达目的地。要实现扶索前行，应该有四个步骤。

第一步：架索。在甲地与乙地之间拉一条绳索，其中甲地位于出发地附近，乙地就是目的地。

第二步：上索。由护送人员将盲人从出发地引导到绳索边。

第三步：扶索。使盲人手扶绳索。

第四步：前行。盲人扶索而行，直至目的地。

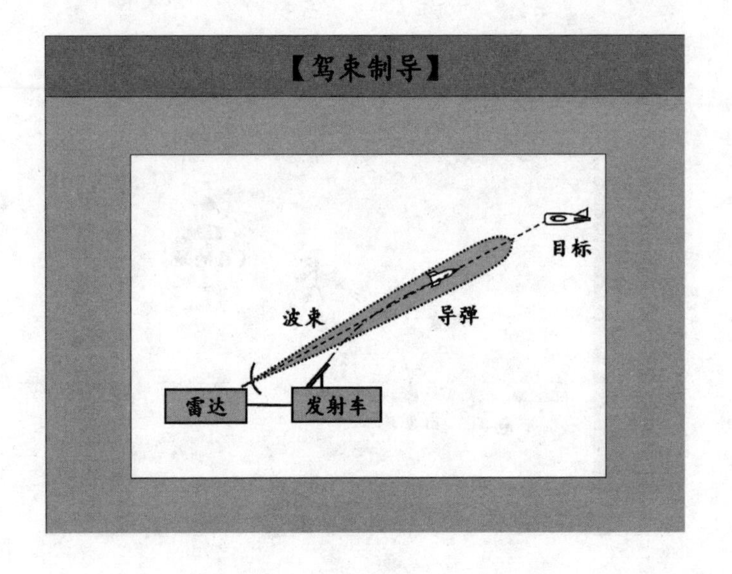

讲 稿

如果导弹没有探测装置，那么它就是“盲弹”，看不见目标。但导弹可以驾束而行，也有四个步骤。

一、雷达跟踪目标，天线波束的轴线好似一根连接雷达与目标的“绳索”。

二、发射车把导弹发射到天线波束中，盲弹“上索”。

三、导弹的后向接收装置敏感天线波束轴线方向，获取导弹偏离雷达波束轴线的误差，就像盲弹“扶索”。

四、根据导弹偏离波束轴线的误差，控制导弹沿波束轴线飞行，即“扶索前行”，直至目标。

显然，导弹是驾束而行的，所以称其为驾束制导。

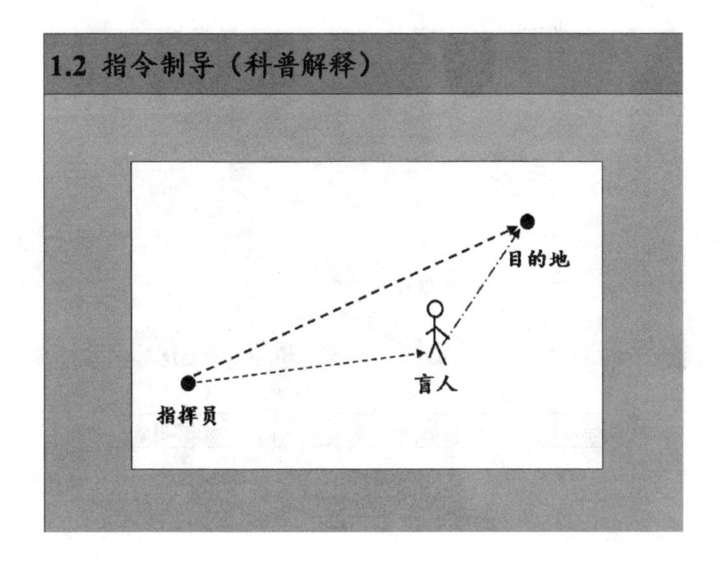

讲　稿

现在讲指令制导。

有没有其它办法将盲人送到目的地?如果盲人没有失去听觉，那么可以“听令而行”，它有五个步骤。

一、指挥员一只眼睛盯着目的地，另一只眼睛盯着盲人。

二、指挥员分析目的地与盲人的空间关系，规划盲人的运行方式。

三、指挥员发口令，告知盲人如何运行。

四、盲人接收指挥员的指令。

五、盲人依令而行，到达目的地。

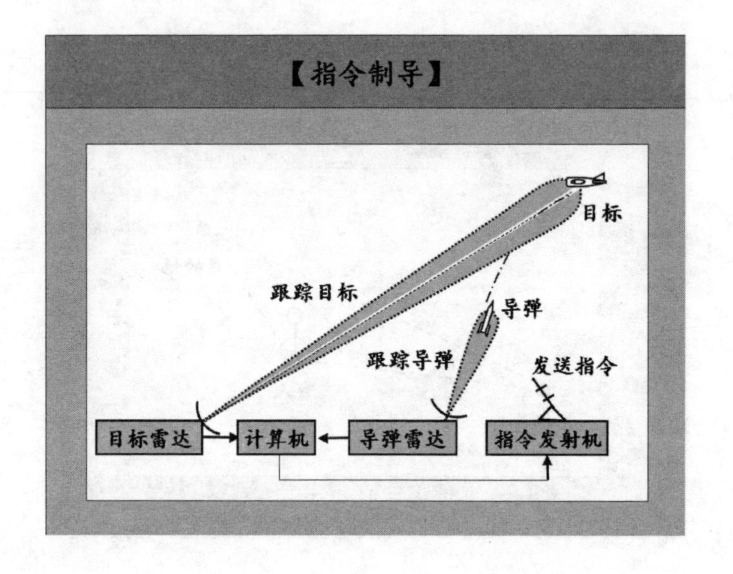

讲　稿

尽管导弹是盲弹，但可以接收指令，依令而行。

一、目标雷达与导弹雷达好似指挥员的双眼，分别跟踪目标与导弹。

二、计算机犹如指挥员的大脑，分析导弹与目标的运动态势，规划导弹运行，形成控制指令。

三、指令发射机朝导弹方向发送导弹运行指令。

四、弹上接收机接收指令信号。

五、导弹按指令要求飞向目标。

随着现代科学技术的发展，指令制导体制也在不断更新。这里仅介绍了指令制导的基本工作原理。

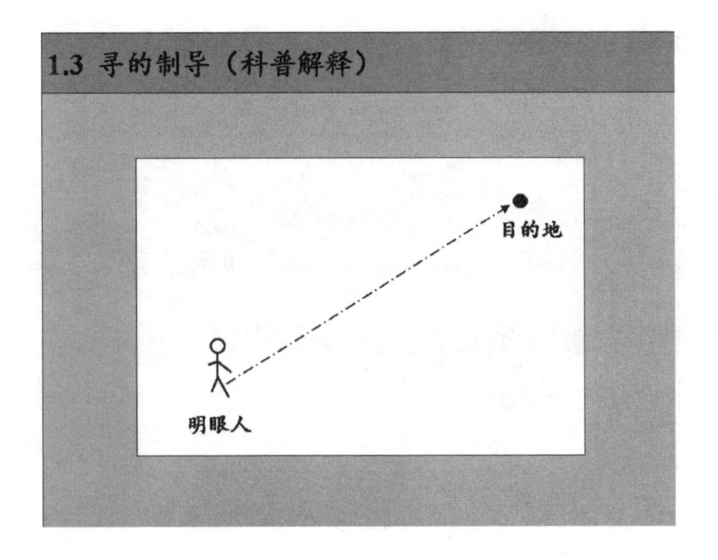

讲　稿

下面讲寻的制导。请注意，“寻的”中的“的”字表示目标。“寻的”就是寻找目标。

不同于盲人，明眼人可以自主寻找目的地，并自行接近它。显然，明眼人必须具备两种能力：一是会寻找目的地；二是能走向目的地。

在一次讲座中，一位听讲者幽默地问道：“如果这个明眼人视而不见，或见而不走，怎么办？”我是这样回答的：“他不守规矩，脑残！如果他代表一枚导弹，就是故障弹。谁都不希望出现故障弹。”

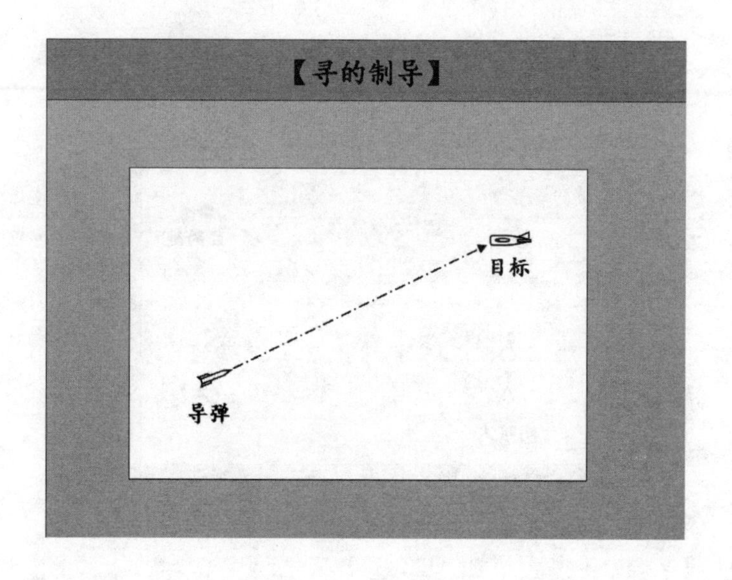

讲　稿

要实现寻的制导，导弹必须有自己的眼睛。

导引头就是导弹的眼睛，它是位于导弹头部的探测装置。国外称导引头为“seeker”，意为“探索者”。

导引头不仅可以获取目标的位置信息，还能敏感目标的运动信息。

借助导引头发现并跟踪目标，导弹可以实现自主控制，飞向目标。

这种制导体制称为寻的制导。

2 寻的系统

2.1 半主动寻的系统

2.2 主动寻的系统

2.3 被动寻的系统

讲 稿

第2章是寻的系统。

介绍三种寻的系统：半主动寻的系统、主动寻的系统、被动寻的系统。

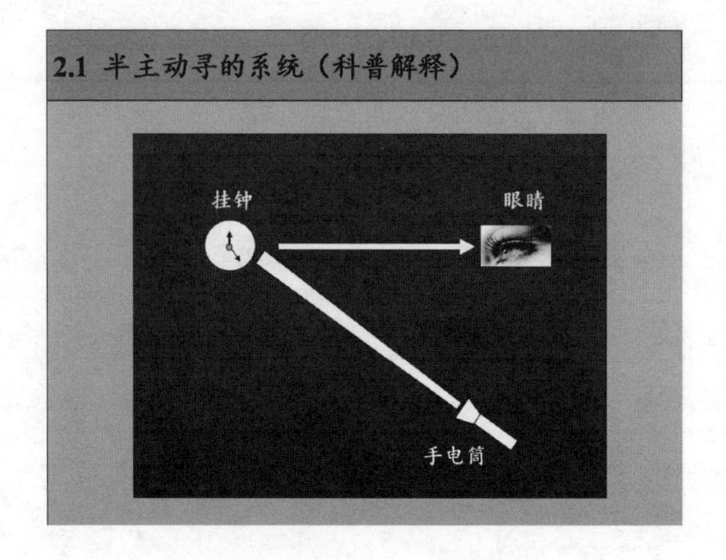

讲　稿

先讲半主动寻的系统。

在伸手不见五指的黑屋内，怎么寻找墙上的挂钟？

一种方法是同伴用手电照射，自己用眼睛寻找。

这种寻找方法必须由同伴配合，才能找到挂钟。自己只有一半主动权，所以称为“半主动寻的”。

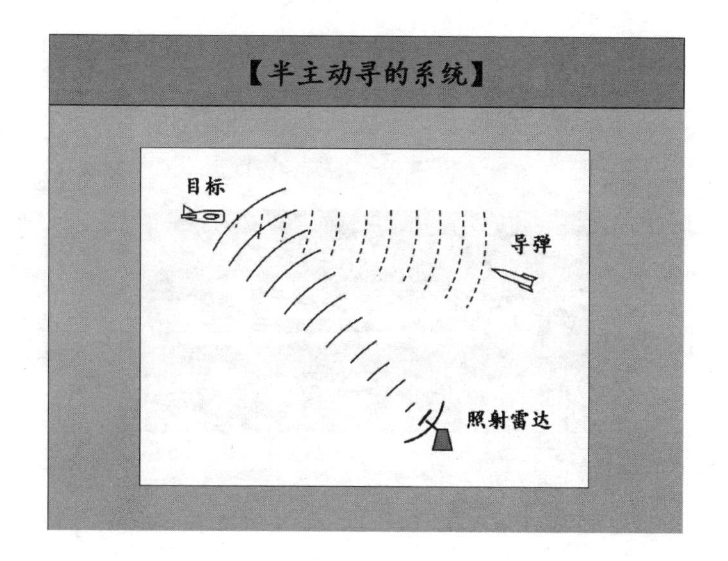

讲　稿

这是半主动寻的系统示意图。

地面、舰艇或飞机上的照射雷达朝目标方向发射电磁波，目标散射电磁能量，导弹上的接收装置接收目标的散射信号。

照射雷达如同手电，弹上接收机如同眼睛。如果雷达停止照射，导弹也就无法实现“寻的”。

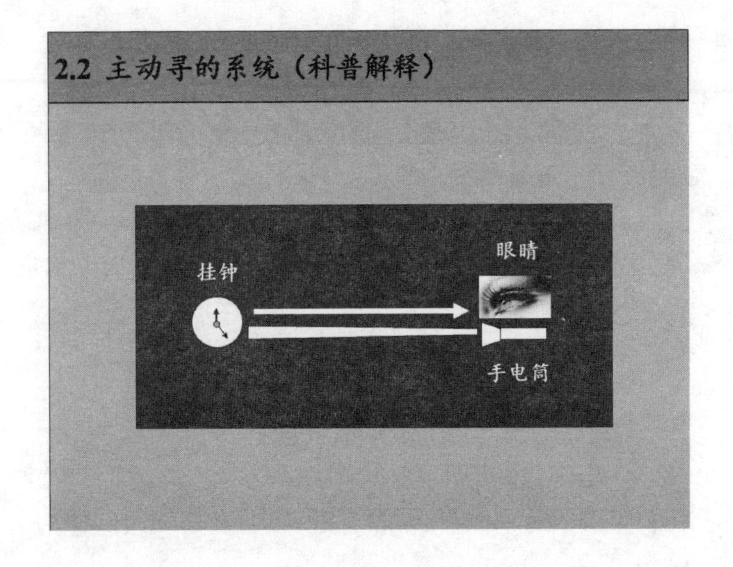

讲稿

再讲主动寻的系统。

黑屋里寻找挂钟的另一种方法：自己打手电照射，自己用眼睛寻找。

这种方法无需别人相助，完全是一种独立自主的寻找方式，所以称之为“主动寻的”。

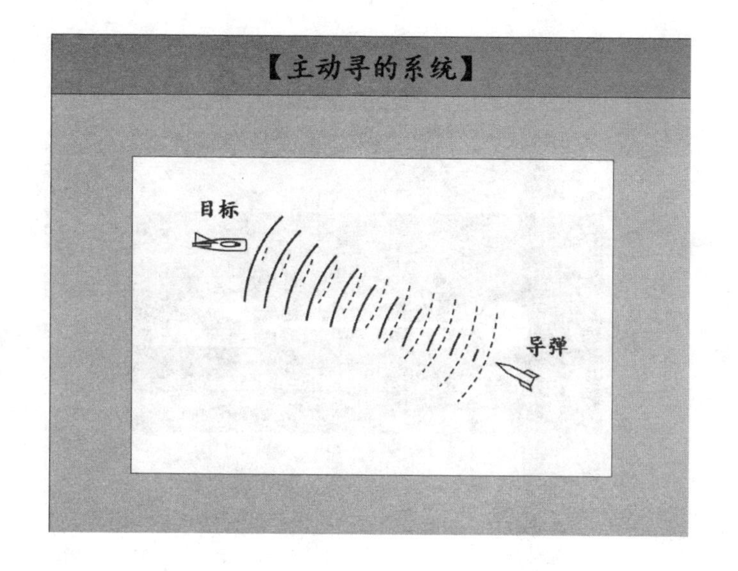

讲　稿

这是主动寻的系统示意图。

在主动寻的系统中，发射机与接收机都安装在导弹上的雷达导引头中。

导引头发射机朝目标方向辐射电磁波，目标散射电磁信号，其中部分能量反射到导弹方向，导引头接收机接收反射信号，发现目标，提取目标信息。

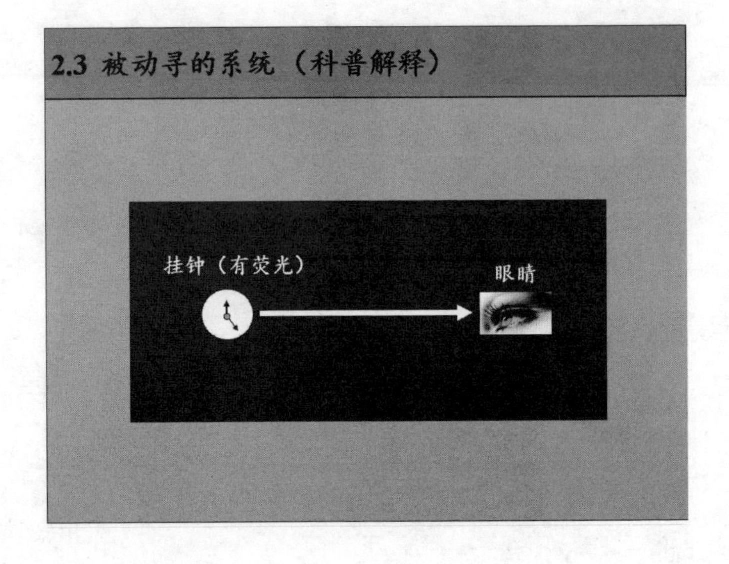

讲　稿

最后讲一讲被动寻的系统。

如果黑屋中的挂钟发出荧光，那么可以直接用眼睛发现目标。

当然，只有当挂钟发光时，才能发现它。一旦停止发光，就不能被发现。所以，这是一种被动的寻找方式，寻找者自己没有主动权。

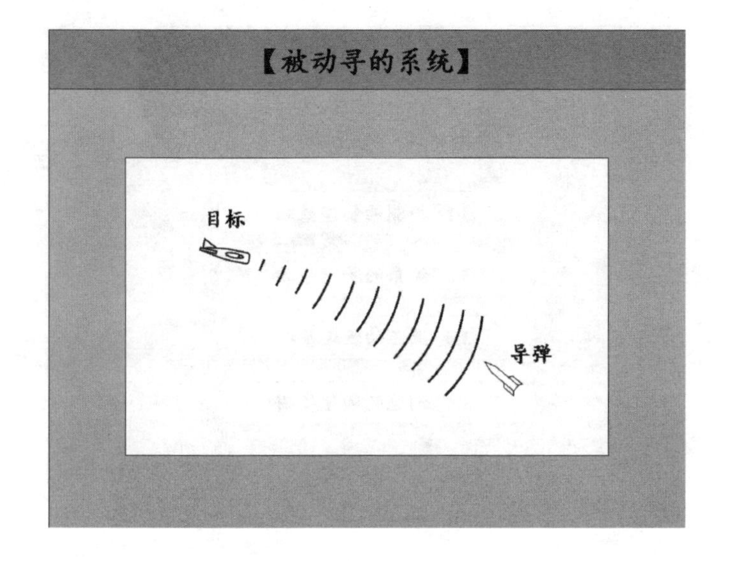

讲　稿

这是被动寻的系统示意图。

当目标上的雷达或通信设备发射电磁波时，弹上接收装置就能接收目标辐射的电磁能量，从而发现目标。

一旦目标上的电磁辐射设备停止辐射，处于静默状态时，导弹就无法探测到目标。

3 物理基础

3.1 检测的物理基础

3.2 测角的物理基础

3.3 测距的物理基础

3.4 测速的物理基础

讲 稿

这是讲座的第3章，讲一讲雷达导引头工作的物理基础。

主要介绍雷达导引头四种功能的物理基础：检测的物理基础，测角的物理基础，测距的物理基础，测速的物理基础。

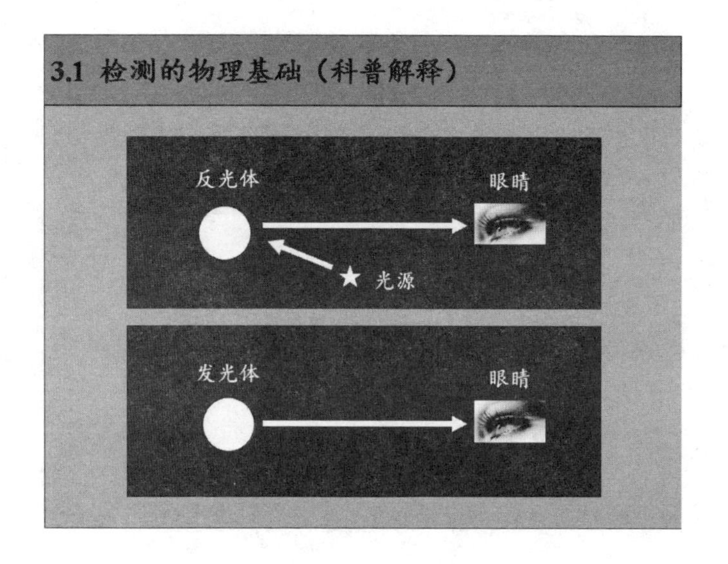

讲　稿

先讲检测的物理基础。

要使肉眼发现目标，应具备必要条件：要么目标是反光体；要么目标是发光体。

一个既不反光又不发光的物体，不可能被肉眼发现。

必须指出，如果没有光源，反光体也无法被发现。

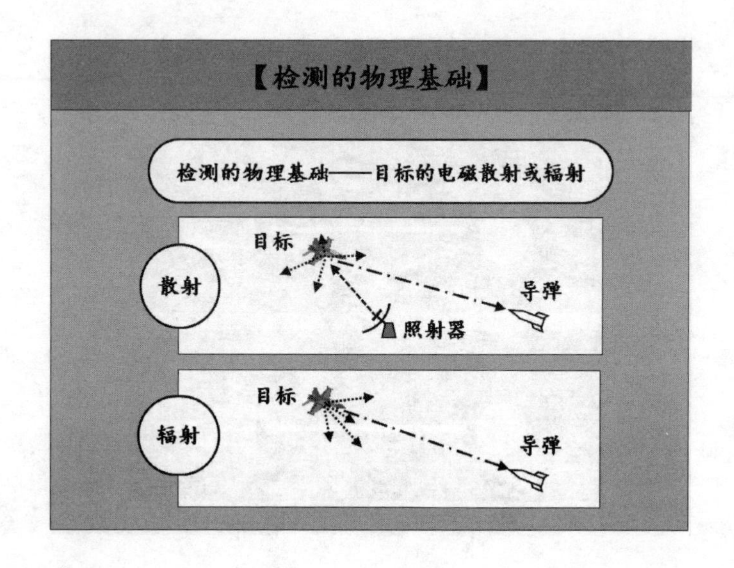

讲 稿

雷达检测目标，也有必要条件：目标能够散射或辐射电磁波。

上图表示半主动系统对散射目标的检测。在照射器照射下，半主动雷达导引头检测目标散射的电磁信号。目标的散射能力越小，被探测的可能性越低。对于隐身目标，探测效果更差。

下图表示对辐射目标的检测。目标辐射电磁波时，被动雷达导引头探测目标的辐射信号。目标辐射能力越小，被探测的可能性越低。对于处于静默状态的目标，无法被探测。

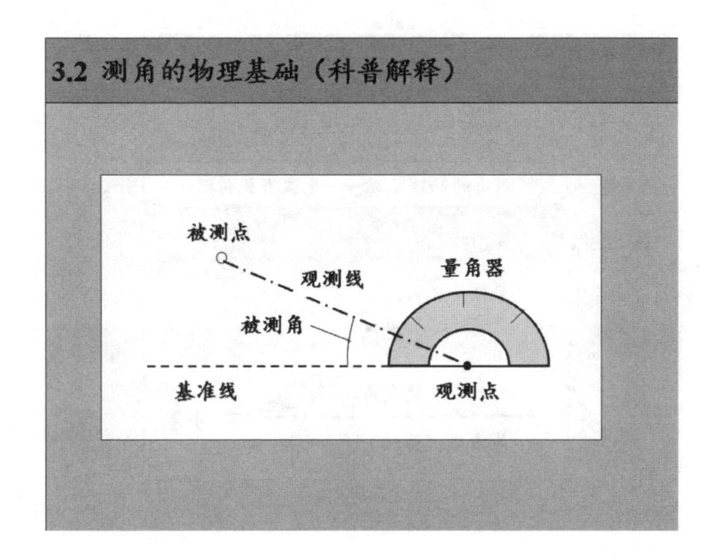

讲　稿

再讲测角的物理基础。

这是一幅用量角器测角的示意图，这种方法大家都知道，被测角就是基准线与观测线的夹角。

对于设定的基准线和被测点，当观测点位置不同时，基准线与观测线的夹角也不同。观测点离被测点越远，被测角越小。

大家想一想，如果基准线或观测线是任意曲线，还能测角吗?当然不能。基准线或观测线必须都是直线。

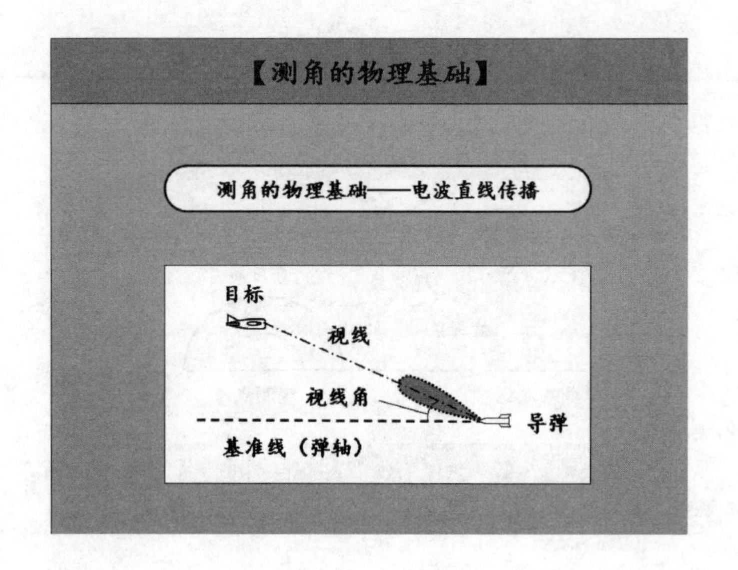

讲 稿

雷达导引头测角涉及三个专业用语：一是基准线，通常以弹轴为基准；二是视线，就是导弹与目标连线；三是视线角，它是视线与基准线的夹角。

由于电波在自由空间是直线传播的，所以波束轴线也是直线，这是雷达导引头测角的基本条件。

雷达导引头能够敏感视线与弹轴的夹角，也就测得了视线角。在导弹和目标的运动过程中，视线角是不断变化的。

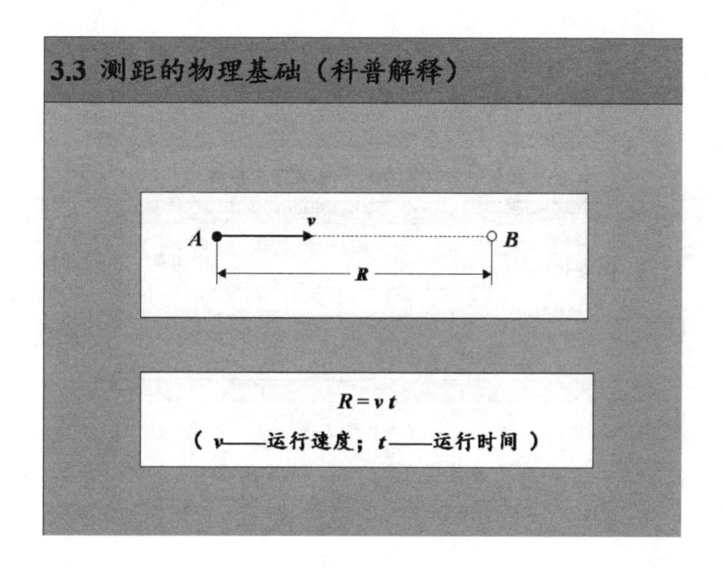

讲　稿

下面讲测距的物理基础。

运动体从 A 点到 B 点作匀速直线运动时，距离 R 等于运行速度 v 与运行时间 t 之积，$R= vt$。

只要知道运行速度和运行时间，就可求得两点之间的距离。

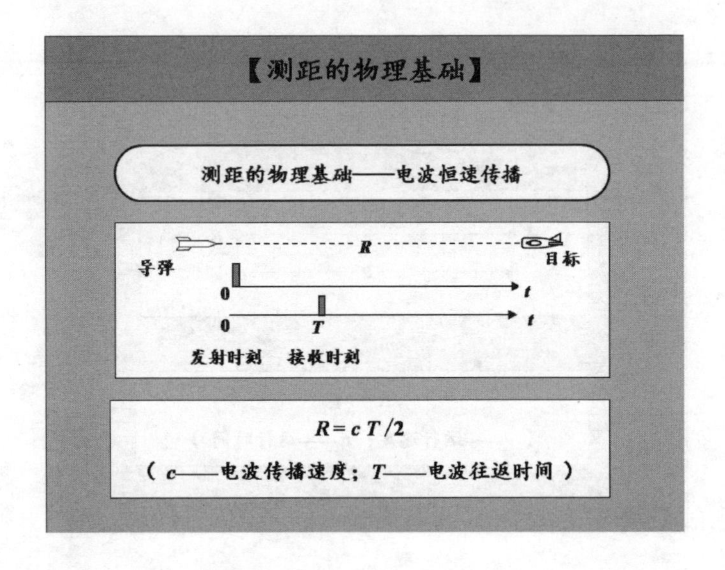

讲 稿

在主动探测状态，光子在0时刻从导弹出发，到达目标后返回，T时刻回到导弹。光子运行距离是弹目距离R的两倍，即$2R=cT$。其中：c为电波的传播速度，等于光速；T为光子往返时间。

显然，弹目距离为$R=cT/2$。这个代数式成立的条件是光子恒速运动，即电波恒速传播。在自由空间，这个条件是成立的。这是测距的物理基础。

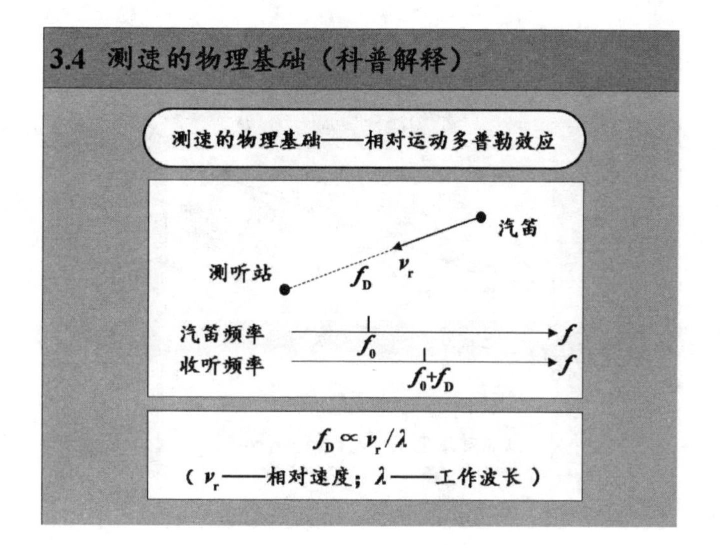

讲　稿

测速的物理基础是相对运动的多普勒效应。

大家都有实际经验：当汽笛处于不同运动状态时，可以听到不同的汽笛声。

汽笛不动时，听到汽笛固有声音，频率为 f_0。

汽笛接近时，听到的声音变尖锐，频率为 f_0+f_D，频率的增量为多普勒频移 f_D，它与相对运动速度 ν_r 成正比，与工作波长 λ 成反比。

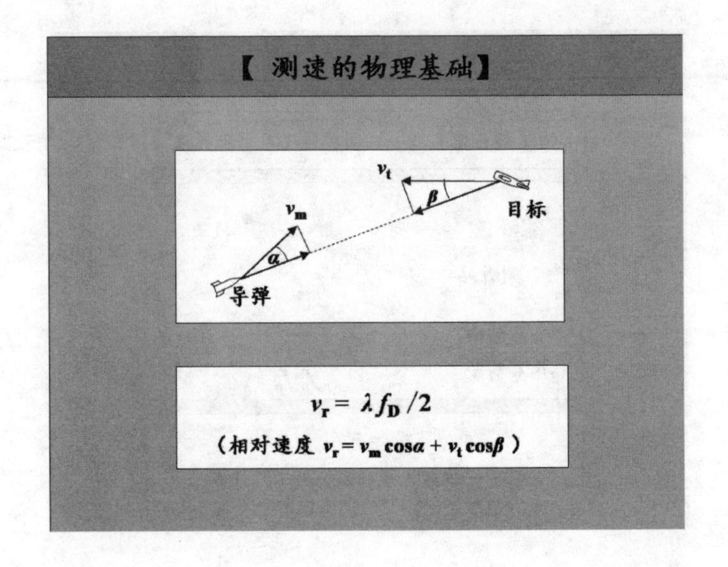

讲　稿

在主动寻的系统中，可以根据测得的多普勒频移，用公式 $v_r = \lambda f_D / 2$ 解算出相对运动速度。

对于主动寻的系统，相对速度等于导弹速度和目标速度在弹目连线上的投影之和，即 $v_r = v_m \cos\alpha + v_t \cos\beta$。其中：$v_m$ 为导弹速度；v_t 为目标速度。

当然，测速系统只能得到相对运动速度信息，不能直接获取导弹或目标的速度信息。

如前所述，本例中只列出了“雷达导引头科普知识”讲座前三章的幻灯片及其讲稿，略去了后五章的幻灯片和讲稿。

列出的幻灯片仅仅是技术内容的编排示意图。例如，在“1.1 驾束制导（科普解释）”幻灯片的幅面中，“甲地”“乙地”和“出发地”都用黑圆点表示，“绳索”用虚线表示，“盲人”用“线图”表示，它们是实物和人体的示意表达。为了使科普讲座形象生动，应多做些艺术性修饰。如采用逼真的实物和人体形象，并配之以动画，把抽象的驾束制导过程演变为通俗易懂的“动画片”。

不仅科普讲座演示文稿的技术内容编排要花大力气，对它做艺术性修饰要付出更多的精力！当然，对于演讲次数十分有限的一般科普讲座，采用比较精致的示意型演示文稿就可以了，没有必要花费大量时间和精力去制作动画型演示文稿。

参考文献

[1]秋叶,等. 和秋叶一起学 PPT[M]. 2 版. 北京:人民邮电出版社,2014

[2]秋叶,等. 说服力——让你的 PPT 会说话[M]. 2 版. 北京:人民邮电出版社,2014

[3]秋叶,等. 说服力——教你做出专业又出彩的演示 PPT[M]. 2 版. 北京:人民邮电出版社,2014

[4]秋叶,等. 说服力——工作型 PPT 该这样做[M]. 2 版. 北京:人民邮电出版社,2014

[5]李治. 别告诉我你懂 PPT[M]. 北京:北京大学出版社,2010

[6]高烽. 科技论文写作规则与行文技巧[M]. 2 版. 北京:国防工业出版社,2015

[7]高烽. 多普勒雷达导引头信号处理技术[M]. 北京:国防工业出版社,2001

[8]高烽. 雷达导引头概论[M]. 北京:电子工业出版社,2010